普通高校本科计算机类"十二五"规划教材

# C语言程序设计实践教程

编 著 韩立毛 徐秀芳 董 琴

U0361355

南京大学出版社

## 内容简介

本书结合 C 语言程序设计的特点以及初学者学习时的难点,构建了实验操作、模拟实战以及工程实训为一体的实践教学体系,实现了从以计算机语言为主线的体系结构向以问题为主线的体系结构上的转变,把程序设计的学习从语法知识学习提高到解决问题的能力培养上。全书共分为 3 个部分,第 1 部分为实验操作,共包括 16 个实验,每个实验包含实验目的、相关知识点、实验内容、具体要求以及程序设计提示。第 2 部分为模拟实战,共包含 20 套全国计算机等级考试上机考试模拟题。第 3 部分为工程实训,共包含 4 个工程实践案例分析以及 10 个工程实训项目,每个案例包括实训目的、实训要求、需求分析、总体设计、详细设计以及实训小结。所有程序都在 Visual C++6.0 开发环境中进行了严格的测试,在作者教学网站上也提供了相应的教学支持内容。

本书可作为《C 语言程序设计》课程实验、课程设计以及课程实训的教材,也可供其他从事软件开发工作的读者参考使用。本书不但适合高等学校学生使用,而且也适合初学程序设计者或有一定编程实践基础、希望突破编程难点的读者作为自学教材使用。

## 图书在版编目(CIP)数据

C 语言程序设计实践教程 / 韩立毛,徐秀芳,董琴编著. — 南京:南京大学出版社,2014.8(2021.8 重印)
普通高校本科计算机类"十二五"规划教材
ISBN 978 - 7 - 305 - 13553 - 8

Ⅰ. ①C… Ⅱ. ①韩… ②徐… ③董… Ⅲ. ①C 语言－程序设计－高等学校－教材 Ⅳ. ①TP312

中国版本图书馆 CIP 数据核字(2014)第 153767 号

出版发行 南京大学出版社
社　　址 南京市汉口路 22 号　　　邮　编　210093
出 版 人 金鑫荣

丛 书 名 普通高校本科计算机类"十二五"规划教材
书　　名 C 语言程序设计实践教程
编　著 韩立毛　徐秀芳　董琴
责任编辑 吴宜锴　何永国　　　　编辑热线　025 - 83686531
照　　排 南京南琳图文制作有限公司
印　　刷 广东虎彩云印刷有限公司
开　　本 787×1092 1/16　印张 15.25　字数 371 千
版　　次 2014 年 8 月第 1 版　2021 年 8 月第 3 次印刷
ISBN 978 - 7 - 305 - 13553 - 8
定　　价 39.00 元

网址:http://www.njupco.com
新浪微博:http://weibo.com/njupco
官方微信号:njuyuexue
销售咨询热线:(025) 83594756

# 前　　言

随着计算机技术的飞速发展,社会对大学生的计算机应用与软件开发水平的要求也在不断提高。程序设计是计算机应用与软件开发的基础,如果只会简单的计算机操作,但不了解软件开发的实质,就无法从根本上理解计算机的工作原理,也很难满足现代社会不断发展的需求。因此,掌握程序设计解决工程实践问题已成为对大学生计算机应用能力的要求之一。

C语言作为一种通用的计算机程序设计语言,其结构简单、数据类型丰富、运算灵活方便,是一种理想的结构化程序设计语言。用C语言可编写高效简洁、风格优美的计算机应用程序和系统程序。用C语言编写的程序,具有运算速度快、效率高、目标代码紧凑、可移植性好等特点。由于C语言功能强大、使用灵活,对于初学程序设计的人来说学习起来比较困难,且很难用于工程实践解决实际问题。鉴于这种情况,为了使初学程序设计的读者能够快速掌握C语言程序设计方法,并初步具备使用C语言开发应用程序和解决实际问题的能力,我们根据多年的教学实践和经验,确定了本书的结构体系,精心选择和编写了课程实践内容。教材内容的编写,充分体现了工程实践应用能力的训练,将理论基础知识运用于工程实践。

本书作为《C语言程序设计》课程的配套教材,结合C语言程序设计课程实践性很强的特点以及初学者学习时的难点,构建了实验操作、模拟实战、工程实训为一体的实践教学体系,通过该实践教学体系来培养读者程序设计的逻辑思维,提高读者程序设计的能力,同时要让读者深刻地领会如何运用软件工程的方法去开发软件工程项目,真正达到学以致用的效果。

由于C语言程序设计课程是面向学校不同专业开设的,对不同专业学生的实践能力要求应有所不同。为此,在教材的内容编写时已经充分考虑,授课教师可根据所任教专业的要求进行选择。全书共分为3个部分。第1部分为实验操作,共包含16个实验,每个实验包括实验目的、相关知识点、实验内容、具体要求以及程序设计提示。这一部分可根据专业人才培养方案教学计划的学时数选择实验内容,对于教学计划为16学时的实验,可选择其中的1.1、1.2、1.3、1.5、1.7、1.9、1.12、1.16;对于教学计划为24学时的实验,可选择其中的1.1、1.2、1.3、1.5、1.7、1.9、1.10、1.12、1.13、1.14、1.15、1.16;对于教学计划为32学时的实验,可选择其中的1.1至1.16。每个实验要求完成前4道题,其余的题可作为学有余力的学生进行练习。第2部分为模拟实战,共包含20套模拟实战题,每套模拟实战题包括完善程序、程序调试以及程序设计。第3部分为工程实训,共包含4个工程实践案例分析以及10个工程实训项目。每个案例包括实训目的、实训要求、需求分析、总体设计、详细设计以及实训小结。工程实训项目难易程度不同,读者可参考工程实训案例分析完成这些工程项目,简单的项目可以一个人单独完成,复杂的项目可由几个人共同完成,读者应在完成基本任务的前提下,对程序加以改进和提高。教材中所有程序都在 Visual C++6.0 开发环境中进行了严格的测试,在作者教学网站上也提供了相应的教学支持内容。

本书的作者长期从事 C 语言程序设计课程的理论教学与实践指导工作,并曾利用 C 语言开发过多个软件工程项目,有着丰富的教学与实践经验。本着加强基础、注重实践、勇于创新、突出应用的原则,力求使本教材达到可读性、适用性和先进性,适合应用型本科高校相关专业《C 语言程序设计》课程的实践教学。为了便于读者自学,在教材的体系结构和内容上注意由浅入深、深入浅出、循序渐进的方针;为了提高读者的编程技巧,教材中包含了一些典型范例,不仅适用于教学,同时也适用于用 C 语言开发应用程序的用户参考。

全书由韩立毛、徐秀芳、董琴共同编写,其中韩立毛主要负责第1部分的编写,董琴主要负责第2部分的编写,徐秀芳主要负责第3部分的编写,并由韩立毛负责全书的总体策划与统稿、定稿工作。本书在编写过程中得到了江苏省应用型本科高校计算机系列教材编委会的支持,得到了盐城工学院教材出版基金的资助,同时也得到了本校赵雪梅、刘其明等老师和南京大学出版社吴宜锴编辑的热心帮助和大力支持,在此一并表示感谢。

由于作者水平有限,书中难免存在错误和不足之处,恳请读者批评指正。

**编　者**

**2014 年 2 月**

# 目　录

# 第 1 部分　实验操作篇

## 1.1　C 程序设计上机初步

### 1.1.1　实验目的

1. 熟悉 C 语言程序的运行环境，了解所用计算机系统的软件和硬件配置。
2. 掌握在 Visual C++6.0 环境下编辑、编译、连接和运行 C 语言程序的方法。
3. 通过简单 C 语言程序的操作，掌握 C 语言程序的基本结构及特点。

### 1.1.2　相关知识点

**1. C 程序的组成**

一个完整的 C 语言程序是由一个 main() 函数和若干个其他函数组合而成的，或仅由一个 main() 函数构成。每个完整的 C 程序都必须有且仅有一个 main 函数，程序总是从 main 函数开始执行，而 main 函数可以位于源程序文件中的任何位置。main 函数是程序执行的入口，其他函数的执行是由 main 函数中的语句调用来完成的。被调函数既可以是由系统提供的库函数，也可以是由设计人员自己根据需要而设计的函数。

**2. C 函数的结构**

一个函数由函数首部和函数体两部分组成，其一般格式如下：

［函数类型］函数名(［函数形式参数表］)
```
{
        数据说明部分；
        函数执行部分；
}
```

（1）函数首部，即函数的第一行。包括函数返回值类型、函数名、函数属性、形式参数类型、形式参数名。

一个函数名后面必须跟一对圆括号，括号内写函数的参数类型及参数名。如果函数没有参数，可以在括号中写 void，也可以是空括号，如 main(void) 或 main( )。

（2）函数体，即函数首部下面的大括弧{……}内的部分。如果一个函数内有多对大括弧，则最外层的一对{ }为函数体的范围。

函数体一般包括数据说明和函数执行两个部分。数据说明部分：由变量定义、自定义函数声明和外部变量说明等部分组成，其中变量定义是主要的。函数执行部分：一般由若干条可执行语句组成。

**3. C 程序的上机过程**

一个 C 语言程序的上机过程一般为：编辑→编译→连接→执行。

（1）编辑。使用一个文本编辑器编辑 C 语言源程序，并将其保存为文件扩展名为".c"

的文件。

（2）编译。将编辑好的 C 语言源程序翻译成二进制目标代码的过程。编译时首先检查源程序的每一条语句是否有语法错误，当发现错误时，就在屏幕上显示错误的位置和错误类型信息，此时要再次调用编辑器进行查错并修改，然后再进行编译，直到排除所有的语法和语义错误。正确的源程序文件经过编译后，在磁盘上生成同名的目标文件（.obj）。

（3）连接。将目标文件和库函数等连接在一起形成一个扩展名为".exe"的可执行文件。如果函数名称写错或漏写包含库函数的头文件，则可能提示错误信息，从而得到程序错误数据。

（4）执行。可以脱离 C 语言编译系统，直接在操作系统下运行。若执行程序后达到预期的目的，则 C 程序的开发工作到此完成，否则要进一步修改源程序，重复编辑—编译—连接—运行的过程，直到取得正确结果为止。

**4. C 程序的上机步骤**

（1）源程序编辑和保存。

① 新建源程序。

在 VC++开发环境主窗口选择 File（文件）|New（新建）命令，弹出一个 New（新建）对话框，如图 1-1 所示。单击对话框上方的 Files（文件）选项，在其左侧列表中选择 C++ Source File 项，然后分别在右侧的文本框 FileName（文件名）和 Location（位置）中输入准备编辑的源程序文件名和存储路径（如：C:\C 语言\ex1_1.c）。

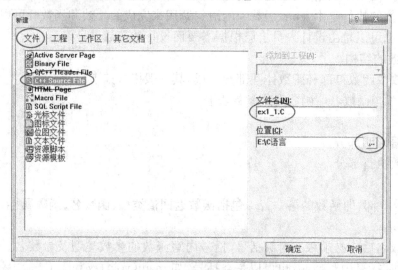

**图 1-1　New（新建）对话框**

**注意**：文件的扩展名一定要用".c"，以确保系统将输入的源程序文件作为 C 文件保存。否则，系统默认为 C++源文件（默认扩展名为 cpp）。

在开发环境右侧的编辑区输入相关程序代码并保存。

② 打开已存在文件。

在 VC++开发环境主窗口选择 File|Open 命令，或按 Ctrl+O 键，此时可通过打开文件对话框选择要装入的文件名；也可以直接在"我的电脑"中按路径找到已有的 C 程序名（如：ex1_1.c），双击此文件名，则进入 VC++集成环境，并打开此文件，编辑区中显示相应

的程序可供修改。

Open 命令可打开多种文件，包括源文件、头文件、各种资源文件、工程文件等，并打开相应的编辑器，使文件内容在工作区显示出来，以供编辑修改。

③ 保存文件

在 VC++开发环境主窗口选择 File(文件)|Save(保存)命令，将修改后的程序保存在原来的文件中。

(2) 源程序的编译。

程序全部或部分编写完成后需进行编译才能运行。程序编译后一般可能会出现一些语法错误，需要根据 Output 窗口中的提示信息对程序进行重新修改，直到编译后不再出现错误为止。

单击 Build(组建)菜单，在其下拉菜单中选择 Compile ex1_1. c(编译 ex1_1. c)，对程序进行编译。根据提示建立一个默认的工程工作区，选"是"按钮确认；紧接着，系统将会问是否要保存当前的 C 文件，回答"是"；然后，系统开始编译当前程序。如果程序正确，即程序中不存在语法错误，则 VC 窗口出现"ex1_1. obj — 0 error(s)，0 warning(s)"的提示信息，并生成扩展名为". obj"的目标文件。

(3) 程序的连接。

选择 Build(组建)菜单下的 Build(组建)命令，即可进行连接操作，信息窗口显示连接相关信息，若出现错误，按照错误信息修改源文件后重新编译、组建直到生成 exe 可执行文件。

以上介绍的分别是对源程序进行编译与连接，也可以直接用 Build 菜单下的 Build(或按 F7 键)一次性完成编辑与连接。但对初学者来说，还是提倡分步进行程序的编译和连接，因为刚开始学习所编写的程序出错的机会较多，最好等上一步完成正确后再进行下一步操作。对于有经验的程序员来说，在对程序比较有把握时，可以一步完成编译与连接。

(4) 程序的运行。

当程序编译、连接均提示无错误信息(0 error(s))后，选择 Build 菜单下的"执行 ex1_1. exe"命令，或使用相应的功能键 Ctrl+F5，程序开始运行，然后显示程序的输出结果。输出结果的屏幕将等待用户按下任意键后，才返回编辑状态，一个 C 程序的执行过程结束。

(5) 关闭工作空间。

选择 File(文件)中的 Close Workspace(关闭工作空间)命令，在弹出的对话框中单击"是"按钮，退出当前程序。

**注意**：调试完程序后重新编写新的程序，一定要用 File|Close Workspace 命令关闭工程文件，否则编译或运行时总是原来的程序。

## 1.1.3　实验内容

### 1. 阅读并运行下列程序

```c
#include <stdio. h>
void main()
{
    printf(" ****************************** * \n");
    printf(" *                             * \n");
```

```
        printf(" *      This is a simple C program.      * \n");
        printf(" *                                        * \n");
        printf(" *************************************** * \n");
}
```

**【要求】**

（1）输入给定的源程序，并以 ex01_1.c 为文件名保存。

（2）编译并运行此程序，分析程序的运行结果。

**2. 阅读并运行下列程序**

```
#include <stdio.h>
void main()
{
        int a,b,c;
        a=10; b=20;
        c=a+b;
        printf("结果为:%d\n",c);
}
```

**【要求】**

（1）输入给定的源程序，并以 ex01_2.c 为文件名保存。

（2）编译并运行此程序，分析程序的功能及运行结果。

（3）将语句:c=a+b;改为:c=a*b;

再进行编译和运行，并分析程序的功能和结果。

（4）将语句:c=a*b;改为:c=a/b;

再进行编译和运行，并分析程序的功能和结果的正确性。

**3. 阅读并运行下列程序**

```
#include <stdio.h>
void main()
{
        int max(int x,int y);
        int a,b,c;
        printf("请输入 a,b 的值: ");
        scanf("%d,%d",&a,&b);
        c=max(a,b);
        printf("最大值是:%d\n",c);
}
int max(int x,int y)
{
        int z;
        if(x>y) z=x;
        else z=y;
```

```
        return z;
}
```

**【要求】**

（1）输入给定的源程序，以 ex01_3.c 为文件名保存。

（2）编译并运行，在运行时从键盘输入 2 和 5，然后按"回车"键，观察运行结果。

（3）将程序中的第 5 行改为：int a；b；c；

先分析可能出现的情况，再进行编译调试。

（4）将 max 函数中的第 5、6 两行合并写为一行，即：

if(x＞y) z＝x;

else z＝y;

写成：

if(x＞y) z＝x; else z＝y;

再进行编译和运行，分析运行结果。

（5）修改给定的程序使其能够求 a,b,c 中的最大数。

（6）用下列数据测试：

第 1 组数据：a,b,c 的值为 2,3,4。

第 2 组数据：a,b,c 的值为 2,4,4。

第 3 组数据：a,b,c 的值为 4,3,2。

**【程序设计提示】**

只要修改 main() 函数即可实现：

```
void main()
{
    int max(int x,int y);
    ……        //定义 a,b,c,d 为整型
    ……        //输入三个整数 a,b,c
    ……        //先求出 a,b 中的较大数,并放入 d 中
    ……        //再求出 c,d 中的较大数
    ……        //输出 d
}
```

**4. 输入并运行下列程序**

```
#include <stdio.h>
#include <math.h>
void main()
{
    float a,b,c,p,s;
    printf("请输入 a,b,c 的值:");
    scanf("%f,%f,%f",&a,&b,&c);
    p=1.0/2*(a+b+c);
    s=sqrt(p*(p-a)*(p-b)*(p-c));
```

```
        printf("三角形的面积为:%f\n",s);
    }
```

**【要求】**

（1）阅读分析该程序的功能和运行结果。

（2）输入给定的源程序，并以 ex01_4.c 为文件名保存。

（3）上机运行该程序，与自己分析的结果比较。

（4）将语句：p＝1.0/2＊(a＋b＋c)；修改为：p＝1/2＊(a＋b＋c)；再进行编译和运行，分析运行结果的正确性。

（5）用下列数据测试：

第1组数据：a,b,c 的值为 2,3,4。

第2组数据：a,b,c 的值为 3,4,3。

## 1.2 顺序结构程序设计

### 1.2.1 实验目的

1. 掌握 C 语言数据类型的概念，熟悉整型、字符型和实型变量的定义方法，并掌握对它们赋值的方法。

2. 掌握不同数据类型之间赋值的规律。

3. 学会使用 C 语言的算术运算符，以及包含这些运算符的表达式，特别是自加和自减运算符的使用。

4. 掌握各种类型数据的输入输出的方法，能正确使用各种格式转换符。

5. 理解 C 语言程序的顺序结构，掌握简单程序的设计方法。

6. 进一步熟悉 C 程序的编辑、编译、连接和运行的过程。

### 1.2.2 相关知识点

**1. 标识符**

标识符一般用来标识变量名、符号常量名、自定义函数名、数组名、自定义类型名、文件名的有效字符序列。

标识符的命名规则：

（1）标识符以字母或下划线开头，只能由字母、数字或下划线组成的字符序列（其实 C99 中有更宽泛的规定）组成。

（2）标识符的长度因系统而异，C89 允许的最长标识符为 31 个有效字符，C99 增加到 63 个有效字符。

（3）不能将 C 语言的关键字作为标识符。

**2. 数据类型**

数据类型是用来描述数据的表示形式，用来定义常量或变量允许具有何种形式的数值或对其进行何种操作。在程序设计语言中，通过数据类型描述程序中的数据。

C 语言中的数据类型非常丰富，主要包括四类：基本数据类型、构造类型、指针类型、空值类型。丰富的数据类型使得 C 语言具有很强的数据处理功能。

C 语言有三种基本数据类型:整型、实型、字符型。

**3. 常量**

(1) 数字常量。

数字常量主要包括普通数字、指数形式、长整型。

普通数字:1,35,2.7

指数形式:$2.45e-2$ 等价于 $2.45*10^{-2}$

**注意**:e 大小写皆可。e 前面的数字不能省,就算是 1 也不能省。e 后面的数字一定要是整数。

长整型,单精度浮点型:3235L、32.5F 分别表示 3235 是长整型数据,32.5 是单精度浮点型,若不写上 L 和 F,则表示 3235 是整型,32.5 是双精度浮点型,L 和 F 大小写皆可。

(2) 字符常量。

字符常量主要包括普通字符常量和转义字符常量。

普通字符常量:用单引号把一个字符括起来,如 'A'、'@'。

转义字符常量:一对单引号括起来并以"\"开头的字符序列,如 '\n' (回车)、'\0123'(八进制 123 对应的字符),'\x23'(十六进制 23 对应的字符)。

(3) 字符串常量。

用一对双引号把一个字符序列括起来,如"ABCef"。系统存放字符串常量,每个字符分配一个字节,各字符所占字节紧邻,并且字符串末尾会再开辟一个字节存储空间,以存放 '\0' 作为字符串结束标志。

(4) 符号常量。

符号常量定义格式:♯define 符号常量名　符号　常量值。如 ♯define N 20 定义了符号常量 N,其值为 20。注意符号常量名和符号常量值之间是用空格隔开,而不是用等号分开。♯define 和符号常量名之间也是用空格隔开。

**4. 变量**

(1) 变量概念。

变量是指在程序运行过程中其值可以改变的量。程序中用到的所有变量都必须有一个名字作为标识。变量的名字由用户定义,它必须符合标识符的命名规则。

(2) 变量定义的一般格式。

［存储类型］　数据类型　变量名 1,变量名 2,…;

例如:

```
int a,b,c;                  //定义 3 个整型变量 a,b,c
long m,n;                   //定义 2 个长整型变量 m,n
float x,y;                  //定义 2 个实型变量 x,y
char c1,c2;                 //定义 2 个字符型变量 c1,c2
```

(3) 自增自减运算。

"变量++,++变量,变量−−,−−变量":使变量的值自增 1 或自减 1,等价于:变量=变量+1,变量=变量−1。

"++,−−"放于变量前后效果的区别:

当自增自减运算作为表达式的一部分时,"++,−−"放在变量前面是先自增、自减再使用变量的值,放在变量后面则是先使用变量的值,再自增、自减。

例如:

x＝3;printf("％d",＋＋x);

相当于执行了"＋＋x;printf("％d",x);"的操作,所以输出结果为 4。

再例如:

x＝3;printf("％d",x＋＋);

相当于执行了"printf("％d",x);x＋＋;"的操作,输出结果为3,当然最后 x 的值还是 4。

### 5. 运算符与表达式

(1) C语言的运算符。

C语言的运算符非常丰富,见表1－1所示。

表1－1　C语言运算符

| 名　称 | 功　能 | 符　号 |
|---|---|---|
| 算术运算符 | 用于各类数值运算 | ＋　－　＊　/　％　＋＋　－－ |
| 关系运算符 | 用于比较运算 | ＞　＜　＝＝　＞＝　＜＝　!＝ |
| 逻辑运算符 | 用于逻辑运算 | &&　\|\|　! |
| 赋值运算符 | 用于赋值运算 | ＝＋＝　－＝　＊＝/＝　％＝<br>＜＜＝　＞＞＝　&＝　^＝　\|＝ |
| 条件运算符 | 三目运算符 | ?: |
| 位操作运算符 | 按二进制位进行运算 | &　\|　~　^　＜＜　＞＞ |
| 逗号运算符 |  | , |
| 求字节数运算符 |  | sizeof |
| 指针运算符 |  | ＊　& |
| 特殊运算符 |  | ()　[]　.　－＞ |

(2) 算术表达式。

用算术运算符和括号将运算对象(也称操作数)连接起来的、符合C语法规则的等式,称为C算术表达式。运算对象包括常量、变量、函数等。算术运算符的优先级见表1－2所示。

表1－2　算术运算符的优先级

| 运算符 | 说明 | 优先级 |
|---|---|---|
| (　) | 圆括号 | 高 ↓ 低 |
| －、＋＋、－－ | 单目运算符,取负、自加、自减 |  |
| ＊、/、％ | 双目运算符,乘、除、取余 |  |
| ＋、－ | 双目运算符,加、减 |  |

**注意:**当优先级相同的运算符同时出现在表达式中时,算术运算符的结合方向为"自左向右",即从左向右依次计算。如9－3＋4的运算顺序为先计算9－3结果为6,再计算6＋4结果为10。

两种类型转换。一种是在运算时不必用户指定,系统自动进行的类型转换,如 3+6.5。第二种是强制类型转换。当自动类型转换不能达到目的时,可以用强制类型转换运算符将一个表达式转换成所需类型。

**注意:**++、――运算,++i、――i 是在使用 i 之前,先使 i 的值加(减)1;i++、i―― 是在使用 i 之后,使 i 的值加(减)1。++和――的结合方向是"自右至左",只能用于变量,而不能用于常量或表达式。

**6. 赋值类型转换**

(1) 将浮点型数据赋给整型变量时,舍弃浮点数的小数部分。

(2) 将整型数据赋给单、双精度变量时,数值不变,但以浮点数形式存储到变量中(注意长度,如当 f 为 float 变量时,先执行 f=2,再将 2 转换为 2.000000,最后存储到 f 中)。

(3) 将一个 double 型数据赋给 float 变量时,截取其前面 7 位有效数字,但应注意数值范围不能溢出。

(4) 字符型数据直接赋给整型变量。

(5) 将一个 int、short、long 型数据赋给一个 char 型变量时,只将其低于 8 位的数值原封不动地送到 char 型变量(即截断)。反之,若将一个 long 型数据赋给一个 int 型变量,将 long 型数据中低于 16 位的数值原封不动地送到整型变量。

**7. 数据的输入输出**

C 语言本身不提供输入输出语句,输入和输出操作是由 C 函数库中的函数来实现的。在使用系统库函数时,要用预编译命令 #include "stdio. h"或 #include <stdio. h>。常用的有下面几种输入输出函数:

(1) 字符输出函数:putchar,格式:putchar(c),功能:输出一个字符。

(2) 字符输入函数:getchar,格式:getchar(),功能:输入一个字符。

(3) 格式输出函数:printf,格式:printf(格式控制,输出表列),功能:输出若干个任意类型的数据。

格式控制主要是输出格式和转义字符。

格式控制字符包括格式转换说明符和普通字符两部分。格式控制说明符表示按指定的格式输出数据,普通字符是在输出数据时需要输出原有字符。格式控制符见表 1-3 所示。

表 1-3  格式控制符

| %d | 以带符号的十进制形式输出整数 |
|---|---|
| %o | 以八进制无符号形式输出整数 |
| %x | 以十六进制无符号形式输出整数 |
| %u | 以无符号十进制形式输出整数 |
| %c | 以字符形式输出,只输出一个字符 |
| %s | 输出字符串 |
| %f | 以小数形式输出单、双精度数,隐含输出六位小数 |
| %e | 以指数形式输出实数 |
| %g | 选用%f 或%e 格式中输出宽度较短的一种格式,不输出无意义的 0 |

格式输出的四个常用附加格式说明字符：

i 或 L 用于长整型整数；m 是数据的最小宽度；n 对于实数，表示输出 n 位小数；而对于字符串，则表示截取的字符个数；一（减号）输出的数字或字符在域内向左靠。

（4）格式输入函数格式：scanf（格式控制，地址表列），功能：按照变量在内存的地址将变量值存进去。

例如：int a,b,c;

scanf("%d%d%d",&a,&b,&c);　　　//这里"&"是取地址

printf("%d,%d,%d\n",a,b,c);

格式输入的四个常用附加格式说明字符：

l 用于输入长整型数据；h 用于输入短整型数据；＊ 用于表示本输入项在读入后不赋给相应的变量。域宽 m 用来指定输入数据所占宽度（列数）。

**8. 顺序结构程序设计**

（1）问题分析。

此类问题的解决是用顺序结构按照编写代码的顺序依次执行相关计算或处理。分析：① 实现要完成功能的方法步骤；② 输入数据及其类型；③ 对输入数据的处理；④ 输出数据及其格式。

（2）算法分析。

此类问题的算法一般都很简单，主要是对一些初始数据的计算或处理。

（3）代码设计。

① 用 scanf 函数输入原始数据；

② 用赋值语句进行计算或处理；

③ 用 printf 函数输出计算或处理的结果。

（4）运行调试。

用初始数据的不同情况分别测试程序和运行结果。

## 1.2.3　实验内容

**1. 阅读并运行下列程序**

```c
#include <stdio.h>
void main()
{
    char c1,c2;
    c1='a';
    c2='b';
    printf("%c,%c\n",c1,c2);
}
```

**【要求】**

（1）输入给定的源程序，并以 ex02_1.c 为文件名保存。

（2）编译并运行此程序，分析程序的运行结果。

（3）在 printf 语句的下面再增加一条语句：printf("%d,%d\n",c1,c2);再进行编译与

运行,并分析结果。

(4) 将第 4 行改为 int c1,c2;再进行编译与运行,并观察结果。

(5) 再将第 5、6 行改为:

c1＝300;　　　　　　　//用大于 255 的整数

c2＝400;　　　　　　　//用大于 255 的整数

再进行编译与运行,分析其运行结果。

**2. 阅读并运行下列程序**

```
#include <stdio.h>
void main()
{
    int i,j,m,n;
    i=8;
    j=10;
    m=++i;
    n=j++;
    printf("%d,%d,%d,%d\n",i,j,m,n);
}
```

【要求】

(1) 输入给定的源程序,并以 ex02_2.c 为文件名保存。

(2) 运行此程序,注意 i、j、m、n 各变量的值。

(3) 将第 7、8 行改为:

m＝i++;

n＝++j;

编译后再运行,分析运行结果。

(4) 在(3)的基础上,将 printf 语句改为:

printf("%d,%d\n",++i,++j);

编译后再运行,分析运行结果。

(5) 将 printf 语句改为:

printf("%d,%d,%d,%d\n",i,j,i++,j++);　　//注意表达式的求值顺序

编译、连接后再运行,分析运行结果。

(6) 若将程序修改如下,则程序的运行结果是什么?

```
#include <stdio.h>
void main()
{
    int i,j,m=0,n=0;
    i=8;
    j=10;
    m+=i++;
    n-=--j;
```

```
        printf("i=%d,j=%d,m=%d,n=%d\n",i,j,m,n);
        m+=i+j;           //注意+=运算符
        n*=i=j=5;         //注意*=运算符及表达式的求值顺序
        printf("i=%d,j=%d,m=%d,n=%d\n",i,j,m,n);
}
```

编译后再运行,分析运行结果。

**3. 阅读分析下列程序,掌握各种格式转换符的正确使用方法**

```
#include <stdio.h>
void main()
{
    int a,b;
    float d,e;
    char c1,c2;
    double f,g;
    long m,n;
    unsigned int p,q;
    a=61; b=62;
    c1='a'; c2='b';
    d=3.56; e=-6.87;
    f=3157.890121; g=0.123456789;
    m=50000; n=-60000;
    p=32768; q=40000;
    printf("a=%d,b=%d\nc1=%c,c2=%c\nd=%6.2f,e=%6.2f\n",a,b,c1,c2,d,e);
    printf("f=%15.6f,g=%15.12f\nm=%ld,n=%ld\np=%u,q=%u\n",f,g,m,n,p,q);
}
```

**【要求】**

(1) 阅读分析该程序的运行结果。

(2) 输入给定的源程序,并以 ex02_3.c 为文件名保存。

(3) 上机运行该程序,与自己分析的结果比较。

(4) 体会相关运算符的优先级和结合性,以及表达式的计算顺序。

**4. 设圆半径 $r=1.5$,圆柱高 $h=3$,求圆周长、圆面积、圆球表面积、圆球体积、圆柱体积。请按要求编写程序,并上机调试**

**【要求】**

(1) 圆的半径 r 和圆柱高 h 从键盘上输入,且预先给出提示信息。

(2) 利用宏定义命令 #define 定义 PI(即 $\pi$)的值。

(3) 每个计算结果输出时各占一行,而且结果在小数点后取 2 位。

(4) 源程序以 ex02_4.c 为文件名保存,并分析运行结果。

**【程序设计提示】**

设圆周长、圆面积、圆球表面积、圆球体积、圆柱体积分别用 c、s1、s2、v1、v2 表示,则 $c=$

$2\pi r, s1=\pi r^2, s2=4\pi r^2, v1=\dfrac{4}{3}\pi r^3, v2=\pi r^2 h$。

根据顺序结构程序设计的方法,先用 scanf 函数输入原始数据(圆的半径 r 和圆柱高 h);再用赋值语句分别进行计算(求圆周长、圆面积、圆球表面积、圆球体积、圆柱体积);最后用 printf 函数分别输出计算的结果。

**注意**:结果数据的输出格式,本题可采用%.2f 的格式输出。

```
#include <stdio.h>
#define PI 3.1415926     //定义符号常量
void main()
{
    float r,h,c,s1,s2,v1,v2;
    printf("请输入 r,h:");
    ……      //输入圆的半径 r 和圆柱的高 h
    ……      //计算圆的周长 c
    ……      //计算圆的面积 s1
    ……      //计算圆球的表面积 s2
    ……      //计算圆球的体积 v1
    ……      //计算圆柱的体积 v2
    ……      //输出圆的周长 c
    ……      //输出圆的面积 s1
    ……      //输出圆球的表面积 s2
    ……      //输出圆球的体积 v1
    ……      //输出圆柱的体积 v2
}
```

测试数据:

第 1 组数据:r,h 的值为 2,3。

第 2 组数据:r,h 的值为 6,3。

**5. 通讯录管理系统菜单程序设计**

给定源程序如下:

```
#include <stdio.h>
void main()
{
    system("cls");      //清除屏幕(VC++环境中使用)
    printf("\n\n\n\n");
    printf("  ***********************************\n");
    printf("  *                                 *\n");
    printf("  *          通讯录管理系统          *\n");
    printf("  *    1-创建通讯录    2-显示通讯录   *\n");
    printf("  *    3-查询通讯录    4-修改通讯录   *\n");
```

```
    printf(" *    5-添加通讯录      6-删除通讯录        * \n");
    printf(" *    7-排序通讯录      0-退出系统          * \n");
    printf(" *                                          * \n");
    printf(" ****************************************** \n");
    printf("\n\n      请选择功能编号(0—7):\n");
}
```

【要求】

(1) 源程序以 ex02_5.c 为文件名保存,并分析运行结果。

(2) 仿照此例自行设计一个学生成绩管理系统的菜单界面。

## 1.3　选择结构程序设计

### 1.3.1　实验目的

1. 了解 C 语言逻辑量的表示方法。
2. 学会正确使用关系表达式和逻辑表达式表示判断的条件。
3. 熟练掌握 if 语句和 switch 语句的用法。
4. 掌握程序流程图的一般画法。
5. 掌握选择结构程序设计的一般方法。

### 1.3.2　相关知识点

**1. 关系表达式与逻辑表达式**

(1) 关系运算符和关系表达式。

关系运算是对两个量进行"比较运算"。

关系运算符及优先级:

＜(小于);＜=(小于或等于);＞(大于);＞=(大于或等于) 优先级高

==(等于);!=(不等于) 优先级低。

关系表达式的值是一个逻辑值,即"真"或"假"。可用 1 代表真,0 代表假。

(2) 逻辑运算符和逻辑表达式。

&&(逻辑与);||(逻辑或);!(逻辑非)。

(3) 运算符的优先顺序。

!(非),算术运算符,关系运算符,&&(与),||(或),赋值运算符,逗号运算符。

**2. 条件语句(if 语句)**

if 语句的三种形式:

(1) 第一种形式,单分支结构。

if(表达式)　语句;

如果表达式的值为真(不等于 0),则执行其后的语句;否则(即表达式的值等于 0),不执行该语句。

(2) 第二种形式,双分支结构。

if (表达式)

　　　　语句 1；
　　else
　　　　语句 2；
如果表达式的值为真，则执行语句 1，否则，执行语句 2。
（3）第三种形式，多分支结构。
if(表达式 1)
　　　　语句 1；
else if(表达式 2)
　　　　语句 2；
else if(表达式 3)
　　　　语句 3；
　　……
else if(表达式 m)
　　　　语句 m；
else
　　　　语句 n；
　　首先依次判断表达式的值，如果其值为真时，则执行其对应的语句，然后跳到整个 if 语句之外继续执行后面的程序；如果所有表达式的值均为假，则执行语句 n，然后继续执行后面的程序。

### 3. 条件表达式

格式：表达式 1? 表达式 2：表达式 3

功能：判断表达式 1 的值，如果成立就执行表达式 2，否则就执行表达式 3

例如：(x>y)? x：y

**注意**："?:"是条件运算符。条件运算符的优先级高于赋值运算符，但是低于逻辑运算符、关系运算符和算术运算符。

### 4. 开关语句(switch 语句)

switch(表达式)
{
　　　　case e1:语句组 1；break ；
　　　　case e2:语句组 2；break ；
　　　　……
　　　　case en:语句组 n；break ；
　　　　[default:语句组 ；break ；]
}

　　计算 switch 后面表达式的值，并逐个与其后的常量表达式 e1,e2,…,en 的值相比较，当表达式的值与某个常量表达式的值相等时，即执行其后的语句组，然后不再进行判断，继续执行 case 后的其他语句，直到遇到 break 或所有语句都执行完成结束。如果表达式的值与所有 case 后的常量表达式均不相同时，则执行 default 后的语句。

**5. 分支嵌套**

if 语句内又包含一个或多个 if 语句的结构,称为 if 语句的嵌套,形式如下:

if(表达式 1)

       if(表达式 2) 语句 1

       else 语句 2

else

       if(表达式 3) 语句 3

       else 语句 4

**注意**:else 匹配规则总是与它前面的、最近的、未配对的 if 语句配对。

**6. 选择结构程序设计**

(1) 问题分析。

此类问题的解决总是用选择结构根据已知条件选择不同的计算或处理。分析:① 实现要完成功能的方法步骤;② 输入数据及其类型;③ 对输入数据的处理;④ 输出数据及其格式。

(2) 算法分析。

此类问题的算法一般较简单,主要是根据一些初始数据或对初始数据的处理结果进行判断,再依据判断的结果选择不同的执行分支。

常见的算法有:比较数的大小、分段函数的计算、求解一元二次方程的根、模拟计算器、奖金发放、所得税计算、货款计算等。

(3) 代码设计。

① 输入原始数据。

② 用条件语句或开关语句根据判断的结果选择不同的语句进行计算或处理。

③ 输出计算或处理结果。

(4) 运行调试。

用不同初始数据分别测试程序运行的结果。

## 1.3.3　实验内容

**1. 设一个分段函数:**

$$y = \begin{cases} x & x < 1 \\ 2x - 1 & 1 \leqslant x < 10 \\ 3x - 11 & x \geqslant 10 \end{cases}$$

已知 $x$ 的值,求 $y$ 的值。请编写程序,并上机调试。

**【要求】**

(1) 根据所给的分段函数画出相应的程序流程图。

(2) 分别用单分支结构、多分支结构、if 语句的嵌套结构设计程序。

(3) 源程序分别以 ex03_11.c、ex03_12.c、ex03_13.c 为文件名保存,并分析运行过程与结果。

**【程序设计提示】**

方法 1:用单分支结构实现。

部分程序代码如下:

```
scanf("%f",&x);
if (x<1) y=x;
if (x>=1 && x<10) y=2*x-1;
if (x>=10) y=3*x-11;
```

方法 2：用多分支结构实现。

部分程序代码如下：

```
scanf("%f",&x);
if (x<1)
    y=x;
else if (x<10)
    y=2*x-1;
else
    y=3*x-11;
```

方法 3：if 语句的嵌套结构实现。

部分程序代码如下：

```
scanf("%f",&x);
    if (x<10)
        if (x<1)
            y=x;
        else
            y=2*x-1;
    else
        y=3*x-11;
```

(4) 思考其他的实现方法（不少于两种）。

2. 阅读下列程序，记录执行结果，进一步体会 switch 语句的使用。

```
#include <stdio.h>
void main()
{
    int i;
    scanf("%d",&i);
    switch(i)
    {
        case 1：printf("i=%d*\n",i); break;
        case 2：printf("i=%d**\n",i);
        case 5：printf("i=%d*****\n",i); break;
        case 4：printf("i=%d****\n",i);
        default：printf("i=%d***\n",i);
    }
}
```

**【要求】**

（1）阅读分析该程序，运行时分别输入 i 的值为 1,2,3,4,5 的输出结果。

（2）输入给定的源程序，并以 ex03_21.c 为文件名保存。

（3）运行该程序，与自己分析的结果比较。

（4）将两个 break 语句分别向后移一个位置，再次编译并运行程序，分析运行过程和结果。修改后的源程序以 ex03_22.c 为文件名保存。

```c
#include <stdio.h>
void main()
{
    int i;
    scanf("%d",&i);
    switch(i)
    {
        case 1: printf("i=%d * \n",i);
        case 2: printf("i=%d ** \n",i); break;
        case 5: printf("i=%d ***** \n",i);
        case 4: printf("i=%d **** \n",i); break;
        default: printf("i=%d *** \n",i);
    }
}
```

3. 给出一个百分制成绩，要求输出成绩相应的等级。设百分制成绩与相应等级之间的关系如下：

如果某学生成绩大于或等于 90 分，则等级为 A；如果成绩大于或等于 80 分，且小于 90 分，则等级为 B；如果成绩大于或等于 70 分，且小于 80 分，则等级为 C；如果成绩大于或等于 60 分，且小于 70 分，则等级为 D；如果成绩小于 60 分，则等级为 E。请按要求编写程序，并上机调试。

**【要求】**

（1）用 scanf 函数输入百分制成绩。

（2）分别用 if 语句和 switch 语句来实现。

（3）程序中要有对输入的错误成绩的处理，即输入的成绩应在 0~100 之间。

（4）源程序分别以 ex03_31.c 和 ex03_32.c 为文件名保存，并分析运行过程和结果。

**【程序设计提示】**

若用 if 语句，则应先判断输入的成绩是否在 0~100 之间。若用 switch 语句，则在使用之前，必须把 0~100 之间的成绩分别转化成相关的常量。

方法 1：采用 if 语句部分程序代码。

```c
scanf("%d",&g);
if   (g>=0 && g<=100)
    if (g>=90) printf("%d 分,等级为 A\n",g);
    else if (g>=80) printf("%d 分,等级为 B\n",g);
```

```
        else if (g>=70) printf("%d 分,等级为 C\n",g);
        else if (g>=60) printf("%d 分,等级为 D\n",g);
        else printf("%d 分,等级为 E\n",g);
else
    printf("数据错误! \n");
```
方法 2:采用 switch 语句部分程序代码。
```
scanf("%d",&g);
switch (g/10)
{
    case 10:
    case 9:
        printf("%d 分,等级为 A\n",g);break;
    case 8:
        printf("%d 分,等级为 B\n",g);break;
    case 7:
        printf("%d 分,等级为 C\n",g);break;
    case 6:
        printf("%d 分,等级为 D\n",g);break;
    case 5:
    case 4:
    case 3:
    case 2:
    case 1:
    case 0:
        printf("%d 分,等级为 E\n",g);break;
    default:
        printf("数据错误! \n");
}
```

4. 输入三个整数,判断它们能否构成三角形? 若能构成三角形,则输出三角形的类型(等边三角形、等腰三角形、一般三角形),并计算三角形的面积;若不能构成三角形,则输出"不能构成三角形"的信息。请按要求编写程序,并上机调试。

**【要求】**

(1) 使用多分支结构 if 语句实现。

(2) 使用 if 语句的嵌套结构实现。

(3) 源程序分别以 ex03_41.c、ex03_42.c 为文件名保存,并分析运行过程和结果。

**【程序设计提示】**

方法 1:采用多分支结构 if 语句实现的部分代码。
```
scanf("%f,%f,%f",&a,&b,&c);
if(a+b>c && a+c>b && b+c>a)
```

```
{
    p=(a+b+c)/2;
    s=sqrt(p*(p-a)*(p-b)*(p-c));
    if(a==b&&b==c)
        printf("这是一个等边三角形,面积为%f\n",s);
    else if(a==b||b==c||a==c)
        printf("这是一个等腰三角形,面积为%f\n",s);
    else
        printf("这是一个一般三角形,面积为%f\n",s);
}
else printf("不能构成三角形!");
```

方法2:采用if语句的嵌套结构实现的部分代码。

```
scanf("%f,%f,%f",&a,&b,&c);
if(a+b>c&&a+c>b&&b+c>a)
{
    p=(a+b+c)/2;
    s=sqrt(p*(p-a)*(p-b)*(p-c));
    if(a==b&&b==c)
        printf("这是一个等边三角形,面积为%f\n",s);
    else   if(a==b||b==c||a==c)
    printf("这是一个等腰三角形,面积为%f\n",s);
    else
    printf("这是一个一般三角形,面积为%f\n",s);
}
```

**5. 根据个人的收入计算个人所得税。**

个人所得税的计算方法:(实发工资-3 500)*税率-扣除数,设个人所得税起征点为3 500元。共分为7级,具体见表1-4所示。根据月收入,计算应交税款(保留两位小数)。

表1-4　个人所得税分级计算

| 级数 | 应纳税额 | 税率(%) | 扣除数 |
|---|---|---|---|
| 1 | 不超过1 500元的 | 3 | 0 |
| 2 | 超过1 500元至4 500元的部分 | 10 | 105 |
| 3 | 超过4 500元至9 000元的部分 | 20 | 555 |
| 4 | 超过9 000元至35 000元的部分 | 25 | 1 005 |
| 5 | 超过35 000元至55 000元的部分 | 30 | 2 755 |
| 6 | 超过55 000元至80 000元的部分 | 35 | 5 505 |
| 7 | 超过80 000元的部分 | 45 | 13 505 |

【要求】

(1) 使用多分支结构 if 语句实现。

(2) 使用 switch 语句实现。

【程序设计提示】

设月收入为 Income，应交税款为 Tax，则当应纳税额≤1 500 元，应交税款 Tax＝(Income－3 500) * 0.03 元，当应纳税额＞1 500 元且≤4 500 元时，应交税款 Tax＝(Income－3 500) * 0.1－105，当应纳税额＞4 500 元且≤9 000 元时，应交税款 Tax＝(Income－3 500) * 0.2－555，当应纳税额＞9 000 元且≤35 000 元时，Tax＝(Income－3 500) * 0.25－1 005，以此类推。

程序设计方法与上文第 3 题类似。

6. 在通讯录管理系统(即第 1.2 节中实验内容 5)界面设计的基础上进行菜单选择程序设计。

给定源程序如下：

```c
#include <stdio.h>
void  main()
{
    char choose;
    system("cls");       //清除屏幕
    printf("\n\n\n\n");
    printf(" ****************************************** \n");
    printf(" *              通讯录管理系统        *   \n");
    printf(" *    1-创建通讯录     2-显示通讯录   *   \n");
    printf(" *    3-查询通讯录     4-修改通讯录   *   \n");
    printf(" *    5-添加通讯录     6-删除通讯录   *   \n");
    printf(" *    7-排序通讯录     0-退出系统     *   \n");
    printf(" ****************************************** \n");
    printf("\n\n          请选择功能编号(0－7):\n");
    choose=getchar();
    switch (choose)
    {
        case  '1':
            crea();      //执行创建通讯录函数
            break;
        case  '2':
            disp();      //执行显示通讯录函数
            break;
        case  '3':
            sear();      //执行查询通讯录函数
            break;
```

```
        case  '4':
            modi();      //执行修改通讯录函数
            break;
        case  '5':
            add();       //执行添加通讯录函数
            break;
        case  '6':
            dele();      //执行删除通讯录函数
            break;
        case  '7':
            sort();      //执行排序通讯录函数
            break;
        case  '0':
            break;
        default：
            printf("   选择错误！\n");
    }
}
```

【要求】

（1）源程序以 ex03_61.c 为文件名保存，并分析运行结果。

（2）仿照此例自行设计一个学生成绩管理系统的菜单选择程序，源程序以 ex03_62.c 为文件名保存。

## 1.4　循环结构程序设计 1

### 1.4.1　实验目的

1. 熟悉掌握用 while 语句、do－while 语句和 for 语句实现循环的方法。
2. 理解循环嵌套及其使用方法。
3. 掌握循环辅助语句(break、continue)的使用。
4. 掌握循环结构程序设计的一般方法。

### 1.4.2　相关知识点

**1. 当型循环**

一般形式：

while(表达式)

｛循环体；｝

首先计算表达式的值，然后判断表达式的值是否为真。当值为真(非 0)时，执行循环体中的语句。

**2. 直到型循环**

一般形式：

do {

　　　循环体；

}while(表达式)；

先执行循环体中的语句，然后再判断表达式是否为真，如果为真则继续循环；如果为假，则终止循环。

**3. 计数型循环**

一般形式：

for(表达式 1；表达式 2；表达式 3)

{

　　　循环体；

}

其中：表达式 1 一般用来表示循环变量赋初值；表达式 2 用来表示循环条件；表达式 3 表示循环变量增值)

for 循环的执行过程：

(1) 先求解表达式 1。

(2) 求解表达式 2，若其值为真(非 0)，则执行 for 语句中指定的内嵌语句，然后执行下面第 3 步。若其值为假(0)，则结束循环，转到第 5 步。

(3) 求解表达式 3。

(4) 转回上面第(2)步继续执行。

(5) 循环结束，执行 for 语句下面的一个语句。

**4. 循环的嵌套**

一个循环体内又包含另一个完整的循环结构，这称为循环的嵌套。内嵌的循环中还可以嵌套循环，这就是多层循环。三种循环(while 循环、do—while 循环和 for 循环)可以互相嵌套。

**5. break 语句 continue 和语句**

break 语句：可以从循环体内跳出，即提前结束循环，接着执行循环下面的语句。

一般形式为：break；

continue 语句：作用为结束本次循环，即跳过循环体中下面尚未执行的语句，接着进行下一次是否执行循环的判定。for 循环中接着执行"表达式 3"，再进行循环判断。

一般形式为：continue；

continue 语句和 break 语句的区别：continue 语句只结束本次循环，而不是终止整个循环的执行；break 语句则是结束整个循环过程，不再判断执行循环的条件是否成立。

**6. 循环结构程序设计**

(1) 问题分析。

此类问题的解决总是用循环结构完成程序段的多次重复执行。分析：① 实现要完成功能的方法步骤；② 输入数据及其类型；③ 对输入数据的处理；④ 输出数据及其格式。

(2) 算法分析。

此类问题的算法一般较复杂,主要是恰当地选择循环语句对循环体的重复执行,特别是累加和累乘的算法实现。

常见的典型算法有:求各种数(最大数或最小数、最大公约数和最小公倍数、水仙花数、回文数、完数等)、哥德巴赫猜想、求解表达式的近似值(多项式、级数的和等)、方程求根(牛顿迭代法、二分法)、求定积分的值(矩形法、梯形法、抛物线法)、数据加密、整币兑零钞、百钱百鸡等。

(3) 代码设计。

① 输入原始数据。

② 恰当选用当型循环语句、直到型循环语句或计数型循环语句来实现循环体的重复执行。特别注意的是:有关循环变量初值语句及其位置的确定、循环体中累加或累乘形式的表示。

③ 输出计算或处理结果。

(4) 运行调试。

用初始数据的不同情况分别测试程序的运行结果。

## 1.4.3 实验内容

**1. 产生随机整数,并按指定形式输出。**

**【要求】**

(1) 产生 50 个两位随机整数。

(2) 按一行 10 个数的形式输出。

(3) 源程序分别以 ex04_1.c 为文件名保存,并分析运行过程与结果。

**【程序设计提示】**

(1) 产生[a,b]区间的随机整数的公式为 rand()%(b−a+1)+a。

(2) 换行可通过 printf("\n");语句实现。

**2. 求 1+2! +3! +……+n!**

**【要求】**

(1) n 由键盘输入。

(2) 结果输出为整数。

(3) 源程序分别以 ex04_2.c 为文件名保存,并分析运行过程与结果。

**【程序设计提示】**

采用双重循环实现,外循环 1～n 取数,内循环求取得数的阶乘。部分程序设计代码如下:

```
s=0;
for (i=1;i<=n;i++)
{
    t=1;
    for (j=1;j<=i;j++)
        t=t*j;
    s=s+t;
```

```
}
```

**3. 阅读分析程序,已知程序的功能是计算如下公式前 n 项的和。**

$$S=\frac{1\times3}{2^2}+\frac{3\times5}{4^2}+\frac{5\times7}{6^2}+\cdots+\frac{(2\times n-1)\times(2\times n+1)}{(2\times n)^2}$$

例如,当 n 的值为 10 时,函数返回值为 9.612558。

**【要求】**

(1) 在下划线处填入正确的内容并把下划线删除,使程序得出正确的结果。

(2) 不得增行或删行,也不得更改程序的结构。

(3) 源程序分别以 ex04_3.c 为文件名保存,并分析运行过程与结果。

给定源程序如下:

```
#include <stdio.h>
void main()
{
    int i;int n;
    double s,t;
    printf("Please input n(n>0):");
    scanf("%d",&n);
    s=  【1】  ;
    for(i=1; i<=  【2】  ; i++)
    {
        t=2.0*i;
        s=s+(t-1)*(t+1)/  【3】  ;
    }
    printf("\nThe result is:%f\n",s);
}
```

4. 阅读分析程序,已知程序的功能是求表达式 s=aa…aa-…-aaa-aa-a(此处 aa…aa 表示 n 个 a,a 和 n 的值在 1~9 内)。

例如,a=3,n=6,则以上表达式为:s=333333-33333-3333-333-33-3,其值为 296298。

**【要求】**

(1) 改正程序中的错误,使它能计算出正确的结果。

(2) 不得增行或删行,也不得更改程序的结构。

(3) 源程序分别以 ex04_4.c 为文件名保存,并分析运行过程与结果。

给定源程序如下:

```
#include <stdio.h>
void main()
{
    int j,s,t;
    int a,n;
```

```
        printf("Please input a and n:");
        scanf("%d %d",&a,&n);
        s=0,t=1;
for(j=0;j<n;j++)
        t=t*10+a;
        s=t;
        for (j=1;j<n;j++)
        {
            t=t%10;
            s=s-t;
        }
        printf("\nThe result is:%d\n",s);
}
```

5. 编写一个程序，根据以下公式求 π 的值(要求精度 0.000 5,即某项小于 0.000 5 时停止迭代)。

$$\frac{\pi}{2}=1+\frac{1}{3}+\frac{1\times2}{3\times5}+\frac{1\times2\times3}{3\times5\times7}+\frac{1\times2\times3\times4}{3\times5\times7\times9}+\cdots+\frac{1\times2\times\cdots\times n}{3\times5\times\cdots\times(2n+1)}$$

程序运行后,若输入精度 0.000 5,则程序应输出 3.14…。

**【要求】**

(1) 程序运行后,若输入精度 0.000 5,则程序应输出 3.14…。

(2) 源程序分别以 ex04_5.c 为文件名保存,并分析运行过程与结果。

**【程序设计提示】**

正确写出通项的表示形式,注意变量和表达式的数据类型及变量的初值。部分程序设计代码如下:

```
s=0;t=1;
for (i=1;i<=n;i++)
{
    t=t*i/(2*i+1);
    s=s+t;
}
```

# 1.5  循环结构程序设计 2

## 1.5.1  实验目的

1. 进一步掌握用 while 语句、do—while 语句和 for 语句实现循环的方法。
2. 熟练掌握循环嵌套及其使用方法。
3. 掌握在程序设计中用循环语句实现一些常用的基本算法。
4. 进一步掌握循环结构程序设计的一般方法。

## 1.5.2  实验内容

**1. 阅读下列程序,分析执行结果。**

```c
#include <stdio.h>
void main()
{
    int i,j;
    for(i=1;i<=4;i++)
    {
        for(j=1;j<=21-i;j++)
            printf(" ");
        for(j=1;j<=2*i-1;j++)
            printf(" * ");
        printf("\n");
    }
}
```

**【要求】**

(1) 阅读分析该程序的运行结果。

(2) 输入给定的源程序,并以 ex05_11.c 为文件名保存。

(3) 上机运行该程序,与自己分析的结果比较。

(4) 若要输出下图所示的三角形,如何修改程序?

$$1$$
$$1\ 2\ 1$$
$$1\ 2\ 1\ 2\ 1$$
$$1\ 2\ 1\ 2\ 1\ 2\ 1$$

修改后以 ex05_12.c 为文件名保存,再进行编译、运行。

(5) 若要输出下图所示的倒三角形,如何修改程序?

$$*******$$
$$*****$$
$$***$$
$$*$$

修改后以 ex05_13.c 为文件名保存,再进行编译、运行。

**【程序设计提示】**

(1) 若要输出由数字组成的三角形,则可修改第二个内循环的循环体。如果内循环变量 j 的值是奇数时,则输出字符"1",否则输出字符"2"。

(2) 若要输出由星号组成的倒三角形,则可将两个内循环 for 语句的第二个表达式分别改为 21+i 和 9−2*i。

2. 输入两个正整数 m 和 n,求最大公约数和最小公倍数。请按要求编写程序,并上机调试。

**【要求】**

（1）采用欧几里德算法求两个正整数 a 和 b 的最大公约数。

（2）画出该算法的流程图。

（3）用 while 和 do—while 两种循环分别实现，注意循环的终止条件。

（4）源程序分别以 ex05_21.c、ex05_22.c 为文件名保存，并比较两个程序的运行过程和结果。

**【程序设计提示】**

欧几里德算法求最大公约数：

（1）输入两个数分别放在变量 a 和 b 中。

（2）用 a 模 b（即 a%b），结果放在 r 中。

（3）将原来 b 中的值放在 a 中，r 中的值放在 b 中。

（4）若 r 不等于 0，就重复上述（2）～（4）步骤，直至 r 等于 0。

（5）最后 a 的值就是最大公约数。

求最小公倍数：

a 和 b 的乘积除以它们的最大公约数，结果就是其最小公倍数。

方法 1：用 do—while 实现。

```
scanf("%d,%d",&a,&b);
do
{
    r=a%b;
    a=b;
    b=r;
}while(r! =0);
```

方法 2：用 while 实现。

```
scanf("%d,%d",&a,&b) ;
r=a%b;
while (r! =0)
{
    a=b;
    b=r;
    r=a%b;
};
```

**注意**：用 do-while 循环实现时，最大公约数是 a 的值，而用 while 循环实现时，最大公约数是 b 的值。

3. 求 100～999 之间的所有水仙花数。所谓水仙花数是一个三位数等于它自己的每一位数字的立方和，如 $153=1^3+5^3+3^3$。请按要求编写程序，并上机调试。

**【要求】**

（1）使用 for 语句完成循环操作。

（2）运行编译后的程序，判定结果是否正确？

（3）若用三重循环实现，则怎样修改程序？

（4）源程序分别以 ex05_31.c、ex05_32.c 为文件名保存，并分析运行过程与结果。

**【程序设计提示】**

3 位数是大于等于 100、小于 1000 的整数，所以从 100 开始，循环查找符合要求的整数。首先分离出该 3 位数的各位数字，判断它是否是符合水仙花数的条件：如果符合，则输出它；如果不符合，则不输出而取出下一个整数继续进行循环。

方法 1：将一个三位数拆成百位、十位、个位。

```
for (x=100;x<=999;x++)
{
    ……          //求百位数 i
    ……          //求十位数 j
    ……          //求个位数 k
    if(x==i*i*i+j*j*j+k*k*k) printf("%6d",x); //判符合条件？
}
```

方法 2：使用三重循环。

```
for (i=1;i<=9;i++)
    for (j=0;j<=9;j++)
        for (k=0;k<=9;k++)
            if(i*100+j*10+k==i*i*i+j*j*j+k*k*k)
                printf("%6d",i*100+j*10+k);
```

4. 根据表达式 $e^x = 1 + x + \dfrac{x^2}{2!} + \dfrac{x^3}{3!} + \cdots + \dfrac{x^n}{n!}$，求 $e^x$ 的值，要求计算精度为第 n 项的值小于 $10^{-5}$。

**【要求】**

（1）用 while 或 do-while 循环语句实现。

（2）若要进一步提高精度，则怎样修改程序？

（4）源程序分别以 ex05_41.c、ex05_42.c 为文件名保存，并分析运行过程与结果。

**【程序设计提示】**

这是一个典型的无法预知循环次数的问题，可以用 while 或 do-while 语句来解决。

设用 e 表示 $e^x$ 的值，n 表示项数，它的初值为 1，t 表示表达式中的每一项，初值为 1。当 t 大于等于 $10^{-5}$ 时进行循环，每做一次循环 t=t*x/n，n=n+1；如果 t 的值小于 $10^{-5}$，则结束循环，最后输出结果。

部分程序代码如下：

```
scanf("%lf",&x);
while(t>=1e-5)
{
    t=t*x/n;   //当前项是前一项的 x/n 倍
    e=e+t;
    n++;
```

```
}
printf("e(x)=%lf\n",e);
```

5. 用牛顿迭代法求方程 $2x^3-4x^2+3x-6=0$ 在 x＝1.5 附近的根。请按要求编写程序,并上机调试。

**【要求】**

(1) 掌握用牛顿迭代法求方程根的算法。牛顿迭代公式为: $x=x_0-\dfrac{f(x_0)}{f'(x_0)}$。

(2) 输入数据前,给出提示信息。

(3) 讨论精度对计算的影响。能否将精度取为 0?

(4) 采用 do-while 语句实现循环。

(5) 源程序以 ex05_51.c 为文件名保存,并分析运行结果。

(6) 修改程序使其能够实现求方程 $xe^x-1=0$ 在 $x=0.5$ 附近的解。源程序以 ex05_52.c 为文件名保存,并分析运行过程与结果。

**【程序设计提示】**

```
scanf("%f",&x);
do
{
    x0=x;
    f=((2*x0-4)*x0+3)*x0-6;
    f1=(6*x0-8)*x0+3;
    x=x0-f/f1;
}while (fabs(x-x0)>=1e-5);
```

6. 找出 2～1 000 之内的所有"完美数"。笛卡尔曾预言:"能找出的完全数是不会多的,好比人类一样,要找一个完美人亦非易事"。"完美数"又称"完全数",简称"完数",它是一个数恰好等于它的因子之和。请按要求编写程序,并上机调试。

**【要求】**

(1) 按指定的格式输出"完数"的因子,例如:6 的因子:1,2,3。

(2) 源程序以 ex05_61.c 为文件名保存,并分析运行结果。

(3) 修改程序使能够输出尽量多的"完数"。源程序以 ex05_62.c 为文件名保存,并分析运行过程和结果。

**【程序设计提示】**

```
for(m=2;m<=999;m++)
{
s=0;
for(i=1;i<m;i++)
    if (m%i==0) s=s+i;
if(s==m)
{
    printf("完美数%d 的因子:",m);
```

```
    for(i=1;i<m;i++)
        if (m%i==0) printf("%5d",i);
    printf("\n");
    }
}
```

## 1.6　数组及其应用 1

### 1.6.1　实验目的

1. 掌握一维数组和二维数组的定义、数组元素的引用。
2. 掌握数组元素的输入和输出方法。
3. 掌握数组程序设计的一般方法。

### 1.6.2　相关知识点

**1. 数组的概念**

数组就是一组具有相同数据类型的数据的有序集合。一个数组必须用一个数组名表示。数组中的每一个数据称为数组元素。数组元素用数组名加下标表示,下标表示数组元素在数组中的位置。数组元素用一个下标表示的称为一维数组。数组元素用两个下标表示的称为二维数组。数组元素用两个以上下标表示的称为多维数组。

**2. 一维数组的定义和引用**

(1) 一维数组的定义。

格式为:类型说明符　数组名[常量表达式];

例如:"int a[5];" 定义了一个整型数组,数组名为 a,此数组有 5 个元素。

(2) 一维数组元素的引用。

引用方式:数组名[下标]

其中下标可以是整型常量或整型表达式。例如:a[5]表示数组 a 中的第 6 个元素。

(3) 一维数组的初始化。

可以在定义数组时对数组所有元素赋以初值;可以只给一部分元素赋值;也可以给数组元素所有元素或部分元素赋值为 0。在初始化时,数据的个数不能够超过指定数组长度。

例如:int a[10]={ 0,1,2,3,4,5,6,7,8,9 };

int a[10]={0,1,2,3,4};

int a[2]={1,0};或 int a[10]={0};

**3. 二维数组的定义和引用**

(1) 二维数组的定义。

定义的一般形式为:类型说明符　数组名[常量表达式][常量表达式];

例如:int a[3][4],b[2][6];

(2) 二维数组元素的引用。

引用方式:数组名[下标][下标]

例如:a[2][3]表示数组第三行第四列的一个元素。

（3）二维数组的初始化。

表示形式：类型说明符 数组名［常量表达式 1］［常量表达式 2］＝{初始化数据}；

常用下面 4 种方法对二维数组初始化：

① 可以在定义时分行给二维数组赋初值，如：int a［2］［3］＝{{1,2,3},{5,6,7}}；

② 可以将所有数据写在一个花括号内，按数组排列的顺序对各元素赋初值。如：
int a［2］［3］＝{1,2,3,5,6,7}；

③ 可以对部分元素赋初值。如：int a［3］［4］＝{{1},{5},{9}}；

④ 如果对全部元素都赋初值，则定义数组时对第一维的长度可以不指定，但第二维的长度不能省。int a［］［3］＝{1,2,3,4,5,6}；

（4）特殊的一维数组。

数组是一种构造类型的数据，二维数组可以看作是由一维数组的嵌套而构成的。设一维数组的每个元素都又是一个数组，就组成了二维数组。当然，前提是各元素类型必须相同。根据这样的分析，一个二维数组也可以分解为多个一维数组。C 语言允许这种分解。

例如，前面的二维数组 a［3］［4］，可分解为三个一维数组，每一个一维数组都有 4 个元素。这三个一维数组的数组名分别为：a［0］、a［1］、a［2］，且对这三个一维数组不需另作说明即可使用。

**4. 数组程序设计**

（1）问题分析。

此类问题的解决总是用数组存储一组有序的数据，这组数据可能是一串有序数据（即一维向量），也可能是一组按行和列表示的矩阵。分析：① 实现要完成的功能方法和步骤；② 输入数据及其类型；③ 对输入数据的处理；④ 输出数据及其格式。

（2）算法分析。

此类问题的算法一般较复杂，主要是恰当地选择对数组的处理方法和技巧。常见的典型算法有：数据的查找（顺序查找、折半查找）、数据的排序（选择法排序、冒泡法排序、改进的选择法排序、改进的冒泡法排序）、矩阵的处理或计算等。

（3）代码设计。

① 输入原始数据。

② 用适当的算法对数组进行计算或处理。

③ 输出计算或处理结果。

（4）运行调试。

根据初始数据的不同情况分别测试程序的运行结果。

## 1.6.3 实验内容

1. 下列给定程序的功能是计算并输出 high 以内最大的 10 个素数的和。high 的值由键盘输入。例如：若 high 的值为 100，则输出和为 732。

**【要求】**

（1）改正程序中的错误，使它能得出正确的结果。

（2）源程序以 ex06_1.c 为文件名保存，并分析运行结果。

给定源程序如下：

```
#include <stdio. h>
#include <math. h>
void   main()
{
    int sum=0,n=0,j,yes;
int high;
printf("Please input the high value:");
scanf("%d",&high);
    while ((high>=2)&&(n<10))                //判断素数
{
    yes=1;
    for (j=2;j<=high/2;j++)
    if (high%j==0 )
    {
        yes=0; break;
    }
    if (yes)
    { sum+=high; n++; }
    high--;
    }
    printf("\nThe result is:%d\n",sum);
}
```

2. 下列给定程序的功能是有 N×N 矩阵，根据给定的 m(m<=N)值，将每行元素中的值均向右移动 m 个位置，左位置为 0。例如，N=3，m=2，有下列矩阵：

$$
\begin{array}{ccc}
1 & 2 & 3 \\
4 & 5 & 6 \\
7 & 8 & 9
\end{array}
$$

程序执行结果为：

$$
\begin{array}{ccc}
0 & 0 & 1 \\
0 & 0 & 4 \\
0 & 0 & 7
\end{array}
$$

【要求】

(1) 在下划线处填写入正确的内容并将下划线删除，使程序得出正确的结果。

(2) 不得增行或删行，也不得更改程序的结构。

(3) 源程序以 ex06_2. c 为文件名保存，并分析运行结果。

给定源程序如下：

```
#include <stdio. h>
#define N 4
void main()
```

```
{
    int t[][N]={21,12,13,24,25,16,47,38,29,11,32,54,42,21,33,10},i,j,m;
    printf("\nThe original array:\n");
    for(i=0;i<N;i++)                    //输出原来的矩阵
    {
        for(j=0; j<N; j++)
            printf("%4d   ",t[i][j]);
        printf("\n");
    }
    printf("Input m(m<=%d):",N);
    【1】  ;
    for(i=0;i<N; 【2】  )
    {
        for(j=N-1-m;j>=0;j--)
            t[i][j+ 【3】  ]=t[i][j];
        for(j=0;j< 【4】  ;j++)
            t[i][j]=0;
    }
    printf("\nThe result is:\n");        //输出移动后的矩阵
    for(i=0;i<N;i++)
    {
        for(j=0;j<N;j++)
            printf("%4d ",t[i][j]);
        printf("\n");
    }
}
```

3. 下列给定程序的功能是有 N×N 矩阵,将矩阵的外围元素作顺时针旋转。操作顺序是:首先将第一行元素的值存入临时数组 r,然后使第一列成为第一行,最后一行成为第一列,最后一列成为最后一行,再使临时数组中的元素成为最后一列。

例如,若 N=3,有下列矩阵:

|   |   |   |
|---|---|---|
| 1 | 2 | 3 |
| 4 | 5 | 6 |
| 7 | 8 | 9 |

操作后应为:

|   |   |   |
|---|---|---|
| 7 | 4 | 1 |
| 8 | 5 | 2 |
| 9 | 6 | 3 |

【要求】

(1) 在下划线处填写入正确的内容并将下划线删除,使程序得出正确的结果。

（2）不得增行或删行，也不得更改程序的结构。

（3）源程序以 ex06_3. c 为文件名保存，并分析运行结果。

给定源程序如下：

```
#include <stdio. h>
#define N 4
void   main()
{
    int t[][N]={21,12,13,24,25,16,47,38,29,11,32,54,42,21,33,10},i,j;
    int r[N];
    printf("\nThe original array:\n");
    for(i=0;i<N;i++)
    {
        for(j=0;j<N;j++)
            printf("%4d",t[i][j]);
        printf("\n");
    }
        for(j=0;j<N;j++) r[j]=t[0][j];
        for(j=0;j<N;j++)
            t[0][N-j-1]=t[j][__【1】__];
        for(j=0;j<N;j++)
            t[j][0]=t[N-1][j];
        for(j=N-1;j>=0;  __【2】__ )
            t[N-1][N-1-j]=t[j][N-1];
        for(j=N-1;j>=0;j--)
            t[j][N-1]=r[__【3】__];
        printf("\nThe result is:\n");
        for(i=0;i<N;i++)
        {
        for(j=0;j<N;j++)
            printf("%4d",t[i][j]);
        printf("\n");
        }
}
```

4. 请编写程序完成如下功能：只删除字符前导和尾部的"＊"号，字符串中字母间的"＊"号都不删除。

例如，字符串中的内容为"＊＊＊＊A＊BC＊DEF＊G＊＊＊＊＊＊＊"，删除后，字符串中的内容应当是"A＊BC＊DEF＊G"。

**【要求】**

（1）根据要求设计程序，使程序得出正确的结果。

（2）输入的字符串中只包含字母和"＊"号。

（3）不得使用 C 语言提供的字符串函数。

（4）源程序以 ex06_4.c 为文件名保存，并分析运行结果。

**【程序设计提示】**

（1）求出字符串的总长度。

（2）找到左边第一个不为"＊"的字符位置。

（3）找到右边第一个不为"＊"的字符位置。

（4）从左边第一个不为"＊"的字符取到右边第一个不为"＊"的字符，给数组重新赋值。

5. 下列给定程序的功能是：将 s 所指字符串中的所有数字字符移到所有非数字字符之后，并保持数字字符串和非数字字符串原有的次序。

例如，s 所指的字符串为"def35adh3kjsdf7"，执行后结果为"defadhkjsdf3537"

**【要求】**

（1）在下划线处填写入正确的内容并将下划线删除，使程序得出正确的结果。

（2）不得增行或删行，也不得更改程序的结构。

（3）源程序以 ex06_5.c 为文件名保存，并分析运行结果。

给定源程序如下：

```c
#include <stdio.h>
void   main()
{   char s[80]="ba3a54j7sd567sdffs";
    int i,j=0, k=0;
    char t1[80],t2[80];
    printf("\nThe original string is：%s\n",s);
    for(i=0;s[i]! ='\0';i++)
    if(s[i]>='0' && s[i]<='9')          //处理数字
      {
        t2[j]=s[i]; 【1】 ;
      }
        else t1[k++]=s[i];              //处理字母
      t2[j]=0; t1[k]=0;
      for(i=0;i<k;i++) 【2】 ;
      for(i=0;i< 【3】 ;i++) s[k+i]=t2[i];
        printf("\nThe result is：%s\n",s);
}
```

6. 编写程序，输入一个数 m，将 1～m（包含 m）中能被 7 或 11 整除的所有整数放在数组 a 中，并输出这个数组及这些数的个数。

**【要求】**

（1）根据要求设计程序，使程序得出正确的结果。

（2）源程序以 ex06_6.c 为文件名保存，并分析运行结果。

**【程序设计提示】**

(1) 输入一个数 m。

(2) 找出 1~m 中能被 7 或 11 整除的所有整数放在数组中,并统计数据的个数。

(3) 输出数组及个数。

部分程序设计代码如下:

```
scanf("%d",&m); c=0;
for (i=1;i<=m;i++)
    if (i%7==0 || i%11==0)
    { c++;a[c]=i; }
```

7. 编写程序,将数组的前半部分中的值与后半部分元素中的值对换,若元素个数为奇数,则中间的元素不动。

例如,若 a 所指数组中的数据为:1,2,3,4,5,6,7,8,9,则调换后为:6,7,8,9,5,1,2,3,4。

**【要求】**

(1) 根据要求设计程序,使程序得出正确的结果。

(2) 源程序以 ex06_7.c 为文件名保存,并分析运行结果。

**【程序设计提示】**

(1) 给数组赋值。

(2) 交换对应位置元素。

(3) 输出数组。

部分程序设计代码如下:

```
for (i=0;i<=3;i++)
{
    t=a[i]; a[i]=a[5+i]; a[5+i]=t;
}
```

# 1.7 数组及其应用 2

## 1.7.1 实验目的

1. 掌握与数组有关的典型算法(如:查找、排序等)。

2. 掌握运用数组处理成批数据的方法与技巧。

3. 进一步掌握数组程序设计的一般方法。

## 1.7.2 实验内容

1. 输入 10 名学生某门课程的成绩,按降序排列。请按要求编写程序,并上机调试。

**【要求】**

(1) 10 个整数由用户从键盘输入,并存放到一个数组中,输入时要有相应的提示。

(2) 用选择法实现对存在数组中的 10 个数据进行排序。

(3) 输出排序结果时,每行 5 个数,每个数占 6 列,并且在输出之前给出输出结果的提示。

（4）修改程序，使其用改进的选择法进行排序。

（5）若用冒泡法进行排序，程序应如何修改？试修改并运行。

（6）源程序分别以 ex07_11.c、ex07_12.c、ex07_13.c 为文件名保存，并分析运行过程和结果。

**【程序设计提示】**

（1）选择法降序排列 10 个数据，部分程序代码如下：

```
for(i=0;i<9;i++)              //外循环,表示轮数,i 从 0 变化到 8
    for(j=i+1;j<10;j++)//内循环,表示比较的次数,j 从 i+1 变化到 9
        if(a[i]<a[j])         //前面小后面大时,交换数组元素
            {t=a[i]; a[i]=a[j]; a[j]=t; }
```

（2）改进的选择法降序排列 10 个数据，部分程序代码如下：

```
for(i=0;i<9;i++)                  //外循环,表示轮数,i 从 0 变化到 8
{
    p=i;                          //p 指向第 i 个数
    for(j=i+1;j<10;j++)//内循环,表示比较的次数,j 从 i+1 变化到 9
        if(a[j]<a[p]) p=j;//第 j 个数大于 p 指的数时,p 向第 j 个数
    if(i! =p)                     //p 的值变化时,交换数组元素
    {t=a[i]; a[i]=a[p]; a[p]=t;}
}
```

（3）冒泡法降序排列 10 个数据，部分程序代码如下：

```
for(i=0;i<9;i++)              //外循环,表示轮数,i 从 0 变化到 8
    for(j=0;j<9-i;j++)       //内循环,表示比较的次数,j 从 0 变化到 8-i
        if(a[j]<a[j+1])       //相邻的两个数比较
            { t=a[j]; a[j]=a[j+1]; a[j+1]=t; } //前面小后面大时,交换
```

2. 任意给定 9 个数，并存入一个数组中，从键盘输入一个要查找的数，分别用顺序查找和折半查找的方法找出该数在数组中的位置。请按要求编写程序，并上机调试。

**【要求】**

（1）9 个数由用户从键盘输入，先用顺序查找法进行查找。

（2）输入 9 个初始数据和一个待查找的数据前要给出提示信息。

（3）对输入的 9 个数据进行排序，再用折半查找法进行查找。

（4）如果找到，则输出该数及其对应的下标；如果找不到，则输出提示信息。

（5）源程序分别以 ex07_21.c、ex07_22.c 为文件名保存，并分析运行过程与结果。

**【程序设计提示】**

方法 1：顺序查找。

使用循环将数组中每一个数据分别与要查找的数进行比较，如果有相等的，则找到，否则没有找到。

方法 2：折半查找。

该算法的前提条件：数组中的数据必须是有序的（升序或降序）。设一维数组 a 中的数据是有序的（升序），b 和 t 是一维数组 a 下标的最小值和最大值（即下界和上界）。具体过程如下：

① 求中点 m=(b+t)/2。

② 判断 a[m]是否等于 x,如果等于 x,则退出循环,否则继续下一步。

③ 判断 x>a[m],如果成立,说明 x 可能在数组 a 的后一半(a[m+1],a[t])中,否则可能在数组 a 的前一半(a[t],a[m-1])中。

④ 转①。

```
scanf("%d",&x);              //输入要查找的数
……                         //对数组中的数据进行排序
b=0;t=9;                     //设查找区间的下限和上限
while(b<=t)                  //当下限小于或等于上限时,进行循环
{
    m=(b+t)/2;              //求查找区间中点
    if(x==a[m]) break;      //若中点元素等于要找的数,则退出循环
    if(x>a[m]) b=m+1;       //若要找的数大于中点元素,则要找的数在右一半
    else t=m-1;             //若要找的数小于中点元素,则要找的数在左一半
}
if(b<=t)                     //若下限小于或等于上限时,则找到,否则没找到
    printf("要查找的数 a[%d]=%d\n",m,x);
else
    printf("%d 要查找的数不存在! \n",x);
```

3. 输入 5 名学生 3 门课程的成绩,并求出每位学生的总成绩。请按要求编写程序,并上机调试。

表 1-5　小组的学生成绩

| 高等数学 | 大学物理 | 程序设计 |
| --- | --- | --- |
| 80 | 78 | 90 |
| 66 | 71 | 79 |
| 85 | 88 | 92 |
| 77 | 86 | 90 |
| 68 | 76 | 79 |

【要求】

(1) 从键盘输入一个 5×3 的二维数组,并求出每位学生的总成绩。

(2) 按下列 5×4 矩阵的格式输出结果。

| 高等数学 | 大学物理 | 程序设计 | 总成绩 |
| --- | --- | --- | --- |
| 80 | 78 | 90 | 248 |
| 66 | 71 | 79 | 216 |
| 85 | 88 | 92 | 265 |
| 77 | 86 | 90 | 253 |
| 68 | 76 | 79 | 223 |

（3）源程序以 ex07_31. c 为文件名保存，并分析运行结果。

（4）修改源程序使其能按总成绩降序排列，修改后的源程序以 ex07_32. c 为文件名保存，并分析运行结果。

**【程序设计提示】**

```
int a[5][4],i,j,k,t;
for(i=0;i<5;i++)        //输入 5 个学生 3 门课程的成绩
    for(j=0;j<3;j++)//数组前三列放课程成绩
    {
            printf("请输入 a[%d,%d]",i,j);
            scanf("%d",&a[i][j]);
    }
for(i=0;i<5;i++)        //求每位学生的总成绩
{
    a[i][3]=0;          //每位同学总成绩初始化为 0
    for(j=0;j<3;j++)
        a[i][3]=a[i][3]+a[i][j];
}
printf("高等数学  大学物理  程序设计  总成绩\n");
for(i=0;i<5;i++)        //按 5 行 4 列的格式输出
{
for(j=0;j<4;j++)
        printf("%10d",a[i][j]);
  printf("\n");
}

//对总成绩进行降序排列的部分代码：
for(i=0;i<4;i++)        //外循环，表示轮数，i 从 0 变化到 3
  for(j=i+1;j<5;j++)//内循环，表示比较的次数，j 从 i+1 变化到 4
    if(a[i][3]<a[j][3])   //前面小后面大时，交换数组元素
        for(k=0;k<4;k++)   //每行 k 个元素，整行交换
        { t=a[i][k]; a[i][k]=a[j][k]; a[j][k]=t; }
```

4. 按以下格式输出的杨辉三角形（即二项式系数）。请按要求编写程序，并上机调试。

$$
\begin{array}{ccccccccc}
 & & & & 1 & & & & \\
 & & & 1 & & 1 & & & \\
 & & 1 & & 2 & & 1 & & \\
 & 1 & & 3 & & 3 & & 1 & \\
1 & & 4 & & 6 & & 4 & & 1
\end{array}
$$

······

**【要求】**

（1）利用二项式系数的规律：下面一行的系数个数比上一行多一个，两边都是 1，而中间

系数所在的列位于上面一行两数的中间,并且其值等于它们的和。

(2)二项式的方幂数由用户输入,并且应小于等于10。在接收输入数据之前,应给出提示信息。

(3)源程序以 ex07_41.c 为文件名保存,并分析运行结果。

(4)修改源程序实现以下输出格式,修改源程序以 ex07_42.c 为文件名保存,并分析运行结果。

```
      1
     1 1
    1 2 1
   1 3 3 1
  1 4 6 4 1
   ......
```

**【程序设计提示】**

```
for(i=0;i<N;i++)      //N 为符号常量,由#define 定义
{
    a[i][0]=1; a[i][i]=1;
    for (j=1;j<i;j++)
        a[i][j]=a[i-1][j-1]+a[i-1][j];
}
    for(i=0;i<N;i++)
{
        for(j=0;j<=i;j++)
        printf("%5d",a[i][j]);
    printf("\n");
}
```

输出“宝塔”格式,在外循环体中输出数组元素之前增加:

```
for(j=0;j<=30-2*i;j++)
    printf(" ");
```

5. 找出一个二维数组的“鞍点”,即该位置上的元素在该行上最大,在该列上最小。同时也可能没有鞍点。请按要求编写程序,并上机调试。

**【要求】**

(1)二维数组的行数和列数由#define 定义,以便随时改变其大小。

(2)二维数组的元素值从键盘输入,预先给出提示。

(3)如果找到鞍点,则输出鞍点的位置;否则,输出没有鞍点的信息。

(4)源程序以 ex07_51.c 为文件名保存,并分析运行结果。

(5)修改源程序使能够用另一种方法找鞍点,源程序以 ex07_52.c 为文件名保存,并分析运行结果。

试分别用下列两组测试数据测试程序:

第1组数据,二维数组有一个鞍点。

|     |     |     |     |
|-----|-----|-----|-----|
| 9   | 80  | 205 | 40  |
| 90  | −60 | 96  | 1   |
| 210 | −3  | 101 | 89  |

第 2 组数据,二维数组没有鞍点。

|     |     |     |     |
|-----|-----|-----|-----|
| 9   | 80  | 205 | 40  |
| 90  | −60 | 96  | 1   |
| 210 | −3  | 101 | 89  |
| 45  | 58  | 56  | 7   |

用 scanf()函数从键盘输入数组的各元素的值,检查结果是否正确,题目未指定二维数组的行数和列数,程序应能处理任意行数和列数的数组。

**【程序设计提示】**

从第 0 行开始,逐行进行以下操作:找出该行上最大的元素,记下其位置(行号,列号);判断该元素是否是同一列元素中最小的? 如果不是,则在下一行上找鞍点;如果是,则找到鞍点,退出循环。最后,对找到的鞍点,输出其位置;如果未找到,则输出没有鞍点的信息。

```
flag=0;                    //矩阵中无鞍点
for(i=0;i<n;i++)           //找第 i 行的鞍点
{
    max=a[i][0]; maxj=0;
    …… //用循环将第 i 行的最大值存放到 max 中,其下标 j 保存到 maxj 中
    for(k=0;k<n;k++)
        if(max>a[k][maxj]) break;   //max 不是该列的最小元素
    if(k<n)
    {
        printf("\n 第%d 行第%d 列的%d 是鞍点\n",i+1,maxj+1,max);
        flag=1;
    }
}        //外循环结束
if(! flag) printf("\n 矩阵中无鞍点\n");
```

## 1.8    函数与模块化程序设计 1

### 1.8.1    实验目的

1. 掌握函数的定义、函数的声明及函数的调用方法。
2. 掌握函数实参与形参的对应关系,理解值传递方式和地址传递方式。
3. 掌握结构化程序设计的概念和方法。

### 1.8.2    相关知识点

**1. 函数的概念**

一个 C 程序可由一个主函数(并且只能有一个主函数)和若干个其他函数构成。

**2. 函数的定义**

类型标识符　函数名([形式参数表列])

{

　　[声明部分]

　　[语句部分]

}

**3. 函数的参数与返回值**

（1）形式参数：在定义时，函数名后面括号中的变量名称为形式参数（简称形参）。

（2）实际参数：主调函数中调用一个函数时，函数名后面括号中的参数（可以是一个表达式）称为实际参数（简称实参）。

（3）函数返回值：函数返回值是通过 return 语句返回函数的值。return 语句有以下 3 种形式：

① return 表达式；

② return（表达式）；

③ return ；

**4. 函数的调用**

（1）函数调用的一般形式为：函数名（实参表列）。

（2）按函数在程序中出现的位置来分，可以有以下三种函数调用方式：

① 函数语句。

把函数调用作为一个语句。这时不要求函数返回值，只要求函数完成一定的操作。

② 函数表达式。

函数出现在一个表达式中，这种表达式称为函数表达式。这时要求函数返回一个确定的值以参加表达式的运算。例如：c＝2 * max(a,b);

③ 函数参数。

函数调用作为一个函数的实参。例如：m＝max(a,max(b,c));

**5. 数据的传递方式**

（1）实参与形参之间进行数据传递。

（2）通过 return 语句把函数值返回到主调函数中。

（3）通过全局变量。

**6. 被调用函数的声明**

在主调函数中调用某函数之前应对该被调函数进行声明（函数原型），这与使用变量之前要先进行变量说明是一样的。在主调函数中对被调函数作说明的目的是使编译系统知道被调函数返回值的类型，以便在主调函数中按此种类型对返回值作相应的处理。

被调用函数声明的一般形式为：

类型说明符 被调函数名(类型 形参,类型 形参,……);

或为：

类型说明符 被调函数名(类型,类型,……);

括号内给出了形参的类型和形参名，或只给出形参类型。这便于编译系统进行检错，以防止可能出现的错误。

**7. 函数的嵌套调用**

C语言中不允许嵌套函数定义。因此各函数之间是平行的,不存在上一级函数和下一级函数的问题。但是C语言允许在一个函数定义中出现对另一个函数的调用,这样就出现了函数的嵌套调用,即在被调函数中又调用其他函数。

**8. 函数的递归调用**

一个函数在它的函数体内直接或间接地调用它自身,称为函数的递归调用,这样的函数称为递归函数。一个函数在它的函数体内直接地调用它自身,称为直接递归。一个函数在它的函数体内间接地调用它自身,称为间接递归。

**9. 数组名作为函数参数**

(1) 用数组名作函数参数时,则要求形参和相对应的实参都必须是类型相同的数组,都必须有明确的数组说明。当形参和实参二者不一致时,就会发生错误。

(2) 在用数组名作函数参数时,不是进行值的传送,即不是把实参数组的每一个元素的值都赋予形参数组的各个元素。在数组名作函数参数时所进行的传送只是地址的传送,也就是说把实参数组的首地址赋予形参数组名。形参数组名取得该首地址之后,也就等于有了实际的数组。实际上形参数组和实参数组为同一数组,共同拥有一段内存空间。

(3) 当形参数组发生变化时,实参数组也随之变化。当然这种情况不能理解为发生了"双向"的值传递。但从实际情况来看,调用函数之后实参数组的值将由于形参数组值的变化而变化。

**10. 函数与模块化程序设计**

(1) 问题分析。

此类问题的解决总是先进行功能分解,然后再逐步求精,即先把一个较复杂的问题分解成多个较小的问题,再用多个自定义函数分别实现各个较小问题的功能,最后通过主函数分别调用各个自定义函数。函数设计的基本原则:① 函数的规模要小;② 函数的功能要单一,不要设计具有多功能的函数;③ 每个函数只有一个入口和一个出口,尽量不使用全局变量传递信息。

(2) 算法分析。

此类问题的算法不一定多复杂,但关键是恰当地设计自定义函数。特别注意的是:函数的嵌套调用和递归调用,还有变量的作用域。

(3) 代码设计。

① 根据问题的需要设计自定义函数。

② 输入原始数据,并通过主函数实现对各自定义函数的调用,采用适当的算法对数组进行计算或处理。

③ 输出计算或处理结果。

(4) 运行调试。

根据初始数据的不同情况分别测试程序的运行结果。

### 1.8.3　实验内容

1. 在给定程序中,函数 fun 的功能是计算如下公式:

$$s=\frac{3}{2^2}-\frac{5}{4^2}+\frac{7}{6^2}-\cdots+(-1)^{n-1}\frac{2\times n+1}{(2\times n)^2}\text{直到}\left|\frac{2\times n+1}{(2\times n)^2}\right|\leqslant10^{-3},\text{并且把计算结果作为函}$$

数值返回。

例如,若形参 a 的值为 1e－3,则函数返回值为 0.551 690。

【要求】

(1) 在下划线处填写入正确的内容并将下划线删除,使程序得出正确的结果。

(2) 不得增行或删行,也不得更改程序的结构。

(3) 源程序以 ex08_1.c 为文件名保存,并分析运行结果。

给定源程序如下:

```c
#include <stdio.h>
double fun(double a)
{
    int   i,k;
    double s,t,x;
    s=0; k=1;i=2;
    x=   【1】   /4;
    while(x   【2】   a)
    {
    s=s+k*x;
    k=k*(-1);
    t=2*i;
    x=   【3】   /(t*t);
    i++;
    }
    return s;
    }
    void main()
    {
    double   a=1e-3;
    printf("\nThe result is：%f\n",fun(a));
    }
```

2. 在给定程序中,函数 fun 的功能是求两个正整数的最大公约数,并作为函数值返回。

例如,若 num1 和 num2 分别为 49 和 21,则输出的最大公约数为 7;若 num1 和 num2 分别为 27 和 81,则输出的最大公约数为 27。

【要求】

(1) 改正程序中的错误,使它能得出正确结果。

(2) 不得增行或删行,也不得更改程序的结构。

(3) 源程序以 ex08_2.c 为文件名保存,并分析运行结果。

给定源程序如下:

```
#include <stdio. h>
int fun(int a,int b)
{
    int r,t;
    if(a<b)
    {
        t=a; b=a; a=t;
    }
    r=a%b;
    while(r! =0)
    {   a=b; b=r; r=a%b; }
    return(a);
}
void   main()
{
    int num1,num2,a;
    printf("Input num1 num2:");
    scanf("%d%d",&num1,&num2);
    printf("num1= %d   num2= %d\n\n",num1,num2);
    a=fun(num1,num2);
    printf("The maximum common divisor is %d\n\n",a);
}
```

3. 编写函数 fun,找出 2×M 整型二维数组中最大元素的值,并将此值返回调用函数。

【要求】

(1) 不要改动主函数 main 和其他函数中的任何内容,仅在函数 fun 的花括号中填入编写的若干语句。

(2) 源程序以 ex08_3. c 为文件名保存,并分析运行结果。

给定源程序如下:

```
#include <stdio. h>
#define M 4
int fun (int a[][M])
{

    //请补充函数
}
void   main()
{   int arr[2][M]={5,8,3,45,76,−4,12,82};
    void NONO();       //函数声明
    printf("max =%d\n",fun(arr));
    NONO();            //函数调用
```

```
}
```

//本函数用于打开文件，输入数据，调用函数，输出数据，关闭文件

```
void NONO ()              //函数定义
{
    FILE * wf;
    int arr[][M]={5,8,3,90,76,-4,12,82};
    wf=fopen("out. dat","w");
    fprintf(wf,"max=%d\n",fun(arr));
    fclose(wf);
}
```

4. 编写函数 fun，实现两个字符串的连接（不要使用库函数 strcat），即把 p2 所指的字符串连接到 p1 所指的字符串的后面。

例如，分别输入下面两个字符串：

FirstString——

SecondString

程序输出：

FirstString——SecondString

【要求】

（1）不要改动主函数 main 和其他函数中的任何内容，仅在函数 fun 的花括号中填入若干语句。

（2）源程序以 ex08_4. c 为文件名保存，并分析运行结果。

给定源程序如下：

```
#include <stdio. h>
void fun(char p1[],char p2[])
{
    //请补充函数
}
void   main()
{
    char   s1[80],s2[40] ;
    printf("Enter s1 and s2:\n");
    scanf("%s%s",s1,s2);
    printf("s1=%s\n",s1);
    printf("s2=%s\n",s2);
    printf("Invoke fun(s1,s2):\n");
    fun(s1,s2);
    printf("After invoking:\n");
    printf("%s\n",s1);
}
```

5. 在给定程序中,函数 fun 的功能是把形参 a 所指数组中的奇数按原顺序依次存放到 a[0]、a[1]、a[2]、…中,把偶数从数组中删除,奇数个数通过函数值返回。

例如:若 a 所指数组中的数据最初排列为:9、1、4、2、3、6、5、8、7,则删除偶数后 a 所指数组中的数据为:9、1、3、5、7,返回值为 5。

**【要求】**

(1) 在下划线处填写入正确的内容并将下划线删除,使程序得出正确的结果。

(2) 不得增行或删行,也不得更改程序的结构。

(3) 源程序以 ex08_5.c 为文件名保存,并分析运行结果。

给定源程序如下:

```c
#include <stdio.h>
#define N 9
int fun(int a[],int n)
{
    int i,j;
    j=0;
    for (i=0; i<n; i++)
        if (a[i]%2== 【1】 )
        {
            a[j]=a[i];
            【2】 ;
        }
    return 【3】 ;
}
void  main()
{
    int b[N]={9,1,4,2,3,6,5,8,7},i,n;
    printf("\nThe original data:\n");
    for (i=0;i<N;i++) printf("%4d",b[i]);
    printf("\n");
    n=fun(b,N);
    printf("\nThe number of odd: %d\n",n);
    printf("\nThe odd number:\n");
    for (i=0;i<n;i++) printf("%4d",b[i]);
    printf("\n");
}
```

6. 编写函数 fun,计算 n 门课程的平均分,结果作为函数值返回。

例如:若有 5 门课程的成绩是:90.5,72,80,61.5,55,则函数的值为:71.80。

**【要求】**

(1) 不要改动主函数 main 和其他函数中的任何内容,仅在函数 fun 的花括号中填入编写的若干语句。

(2) 源程序以 ex08_6. c 为文件名保存,并分析运行结果。

给定源程序如下:

```c
#include <stdio. h>
float fun(float a[],int n )
{
    //请补充函数
}
void   main()
{
    float score[30]={ 90,72,80,61,55 },aver;
    aver=fun(score,5 );
    printf("\nAverage score is:%5.2f\n",aver);
}
```

## 1.9   函数与模块化程序设计 2

### 1.9.1   实验目的

1. 进一步掌握函数实参与形参的对应关系,理解值传递方式和地址传递方式。
2. 掌握函数的嵌套调用和递归调用的方法。
3. 掌握全局变量、局部变量、动态变量和静态变量的使用方法。
4. 进一步掌握结构化程序设计的方法。

### 1.9.2   实验内容

1. 阅读下列程序,分析程序的运行结果。

```c
#include <stdio. h>
int fac(int n)
{
    int f=1;
    f=f * n;
    return(f);
}
void main()
{
    int i;
    for(i=1;i<=5;i++)
    printf("%d! =%d\n",i,fac(i));
}
```

【要求】

(1) 阅读分析该程序的运行结果。

(2) 输入给定的源程序,并以 ex09_1.c 为文件名保存。

(3) 将语句:int f=1;改为:static int f=1;

编译后再运行该程序,分析程序的运行结果,并与修改前的结果进行比较。

2. 求组合数 $C_m^k = \dfrac{m!}{k!\,(m-k)!}$

【要求】

(1) 用两个函数实现:主函数 main()、求阶乘函数 fact()。

(2) 源程序以 ex09_2.c 为文件名保存,并分析运行结果。

【程序设计提示】

主函数中的部分代码如下:

```
long fact(int n);
do                    //循环用于控制输入的 m 大于或等于 k,且都大于 0
{
    printf("请输入 m,k(m>=k>0)");
    scanf("%d,%d",&m,&k);
}while(m<k||m<0||k<0);
p=fact(m)/(fact(k)*fact(m-k));  //通过函数调用,求 m!、k!、(m-k)!
```

3. 用一个函数判别一个整数是否为素数。在主函数输入一个整数,输出是否素数的信息。请按要求编写程序,并上机调试。

【要求】

(1) 用两个函数实现:主函数 main()、求素数的函数 prime()。

(2) prime 函数原型:int prime(int m);若形参 m 是素数则返回值为 1,否则返回值为 0。

(3) 源程序以 ex09_3.c 为文件名保存,并分析运行结果。

【程序设计提示】

主函数中的部分代码如下:

```
scanf("%d",&x);
if (prime(x))
    printf("%d 是素数\n",x);
else
    printf("%d 不是素数\n",x);
}
int prime(int m)        //求素数函数
{
    int f,i,k;
    k=sqrt(m);
    …                    //用 for 循环完成
```

```
        if (i>k) f=1;
        else f=0;
        return(f);
    }
```

4. 用自定义函数的方法实现折半查找。请按要求编写程序,并上机调试。

**【要求】**

(1) 用两个函数:① sort()的功能:实现排序;② search()的功能:用折半查找方法在数组中查找是否存在数 x,若存在 x,则返回 x 在数组中的位置;否则返回−1。

(2) 在主函数 main 中输入一组原始数据和一个待查找的数据,输入前应给出提示信息。

(3) 在主函数中输出查找的结果信息。

(4) 把 search()函数改写成递归函数,再次调试程序。

(5) 源程序分别以 ex09_41.c、ex09_42.c 为文件名保存,并分析运行过程和结果。

**【程序设计提示】**

定义两个函数:一个是 sort()函数,实现排序的功能;另一个是 search()函数,用折半查找方法在数组中查找是否存在数 x,若存在 x 则返回 x 在数组中的位置;否则返回−1。

```
void main()
{
        ……              //被调用排序、查找函数说明
        ……              //定义数组 a、x、pos
        ……              //数组数据输入
        ……              //调用排序函数进行排序
        ……              //排序后数组数据输出
        printf("请输入要查找的数:\n");
        scanf("%d",&x);
        pos=search(a,0,9,x);//调用查找函数进行查找
        if(pos! =−1 )
                printf("a[%d]=%d\n",pos,x);
        else
                printf("%d 没有找到! \n",x);
}
void sort(int a[],int n)   //排序函数
{
    int i,j,k,t;
    …     //排序代码
}
int search(int a[],int   b,int t,int x) //查找函数
{
    int m;
```

```
        if(b>t) return -1;
        m=(b+t)/2;
        if(a[m]==x) return m;
        if(a[m]<x)
            return search(a,m+1,t,x);//要找的数在右一半,递归查找
        else
            return search(a,b,m-1,x);//要找的数在左一半,递归查找
}
```

5. 用函数的方法求两个整数的最大公约数和最小公倍数。请按要求编写程序,并上机调试。

【要求】

(1) 用三个函数实现:主函数 main()、求最大公约数的函数 hcf()和求最小公倍数的函数 lcm()。

(2) 在函数 lcm()中调用函数 hcf()求最小公倍数。

(3) 源程序以 ex09_5.c 为文件名保存,并分析运行结果。

【程序设计提示】

```
int hcf(int a,int b)    //求最大公约数
{   int r;
    ……    //用欧几里德算法求最大公约数
    return(a);
}
int lcm(int a,int b)        //求最小公倍数
{
    return(a * b/hcf(a,b));
}
```

6. 输入 5 名学生 4 门课程的成绩,并按要求对学生的成绩进行处理。请按要求编写程序,并上机调试。

表 1-6　小组的学生成绩

| 序号 | 大学英语 | 高等数学 | 大学物理 | 程序设计 |
|------|----------|----------|----------|----------|
| 1 | 80 | 80 | 78 | 90 |
| 2 | 66 | 66 | 71 | 79 |
| 3 | 85 | 85 | 88 | 92 |
| 4 | 77 | 77 | 86 | 90 |
| 5 | 68 | 68 | 76 | 79 |

【要求】

(1) 输入 5 个学生 4 门课程的考试成绩;计算每个学生的平均成绩;计算每门课程的平均成绩;找出平均成绩不及格的学生(输出序号及平均成绩);计算平均方差;输出所有学生的成绩信息。

(2) 源程序以 ex09_61.c 为文件名保存,并分析运行结果。

（3）修改源程序，采用指针的方法实现，源程序以 ex09_62.c 为文件名保存，并分析运行过程和结果。

【程序设计提示】

采用模块化程序设计的方法进行设计。先进行功能分解，按要求采用 6 个函数分别实现每一个功能，然后在主函数中通过分别调用 6 个函数实现所有的要求：输入 5 个学生 4 门课程的考试成绩、计算每个学生的平均成绩、计算每门课程的平均成绩、找出平均成绩不及格的学生、计算平均方差、输出所有学生的成绩信息。

```c
……            //分别宏定义 M,N
void main()
{
    ……        //定义数组 cj[M][N]
    ……        //被调函数声明
    ……        //调用输入 5 个学生 4 门课程的成绩 sr 函数
    ……        //调用求每个学生的平均成绩 cj1 函数
    ……        //调用求每门课程的平均成绩 cj2 函数
    ……        //调用查找平均成绩不及格的学生 cz 函数
    ……        //调用求平均方差 fc 函数
    ……        //调用输出所有学生的成绩信息 sc 函数
}
void   sr(float a[M][N]) //输入 5 个学生 4 门课程的成绩 sr 函数
{
    int i,j;
    printf("请输入 5 个学生 4 门课程的成绩:\n");
    for(i=0;i<M;i++)   //输入 5 个学生 4 门课程的成绩
        for(j=0;j<N-1;j++)
            scanf("%f",&a[i][j]);
}
void cj1(float a[M][N])//求每个学生的平均成绩 cj1 函数
{
    int i,j;
    for(i=0;i<M;i++)
    {
        a[i][N-1]=0;
        for(j=0;j<N-1;j++)
            a[i][N-1]= a[i][N-1]+a[i][j];
        a[i][N-1]=a[i][N-1]/(N-1);
    }
}
void cj2(float a[M][N])//求每门课程的平均成绩 cj2 函数
```

```c
{
    int i,j;
    float s2[M];
    for(j=0;j<N-1;j++)
    {
        s2[j]=0;
        for(i=0;i<M;i++)
            s2[j]=s2[j]+a[i][j];
        printf("%4.1f   ",s2[j]/M);
    }
}
void cz(float a[M][N])    //查找平均成绩不及格的学生 cz 函数
{
    int i,j;
    for(i=0;i<M;i++)
        if(a[i][N-1]<60) printf("学生：%d 平均成绩 %f\n",i,a[i][N-1]);
}
void fc(float a[M][N])    //求平均方差 fc 函数
{
    int i,j;
    float s1,s2;
    float s;
    s1=0;s2=0;
    for(i=0;i<M;i++)
        for(j=0;j<N;j++)
        {
        s1=s1+a[i][j]*a[i][j];
        s2=s2+a[i][j];
        }
    s=s1/N-(s2/N)*(s2/N);
    printf("%4.0f\n",s);
}
void   sc(float a[M][N])    //输出所有学生的成绩信息 sc 函数
{   int i,j;
    for(i=0;i<M;i++)    //按 5 行 5 列的格式输出
    {
        for(j=0;j<N;j++)
            printf("%6.0f",a[i][j]);
        printf("\n");
```

```
        }
    }
```

## 1.10　编译预处理及程序调试

### 1.10.1　实验目的

1. 掌握不带参数的宏和带参数的宏的定义与使用方法。
2. 体会带参数的宏和函数的区别。
3. 掌握文件包含处理方法。
4. 了解条件编译的作用与使用方法。
5. 掌握程序调试的基本方法与技巧。

### 1.10.2　相关知识点

**1. 预处理命令的概念及特点**

（1）编译预处理命令的概念。

对高级语言编译连接就是把源程序转换成机器语言，C 语言在进行编译之前还要预先处理三件事：宏定义命令、文件包含命令和条件编译命令，统称为预处理命令。

（2）编译预处理命令的特点。

① 所有的预处理命令都放在程序的头部，以"♯"开头，且"♯"号后面不留空格。

② 预处理命令不是 C 语言的语句，行尾不加分号。

③ 预处理命令是在编译预处理阶段完成的，所以它们没有任何计算、操作等执行功能。

④ 预处理命令有所变动后，必须对程序重新进行编译和连接。

**2. 宏定义**

宏定义命令的作用是给一些常用的对象重新命名，在程序中可以用宏名来引用这些对象，预处理时宏名会被代表的内容替换，此过程称为宏展开或宏替换。宏定义有无参数宏定义和带参数宏定义两种形式。

**3. 文件包含**

使用包含文件命令可以将另一个 C 语言源程序的全部内容包含进来，其形式为：

♯include＜文件名＞　　或　　♯include "文件名"

通常可以把经常用到的、带公用性的一些函数或符号等集合在一起形成一个源文件，然后用此命令将这个源文件包含进来，这样可以避免在每个新程序中都要重新键入这些内容。

**4. 条件编译**

所谓条件编译，顾名思义就是在满足条件时进行编译。为了解决程序移植问题，C 语言提供了条件编译命令，它能使源程序在不同的编译环境下生成不同的目标代码文件。条件编译命令有三种形式。

### 1.10.3　实验内容

1. 下列程序的功能是打印半径为 1～10 的圆的面积，当面积超过 100 时结束。

♯include ＜stdio. h＞

```
#define PI 3.1415926
void main()
{
int r;
float s;
for(r=1;r<=10;r++)
{
    s=PI*r*r;
    if(s>100.0)
        continue;
        printf("圆的半径=%d,圆的面积=%f\n",r,s);
}
    printf("此时圆的半径为:%d\n",r);
}
```

**【要求】**

(1) 输入给定的源程序,并以 ex10_1.c 为文件名保存。

(2) 运行该程序,查看运行结果是否满足要求。

(3) 用单步调试查看两个变量的变化范围,从而分析出错原因。

(4) 修改程序使之能正确运行。

**【程序调试提示】**

编译、连接程序后,单击工具栏上的单步调试按钮或者按快捷键 F10,启用单步运行程序。观察调试窗口的变量观察区中变量 r 和 s 的值,会发现当 s 的值大于 100 的时候,循环继续执行。只是不再执行 printf()语句,从而没有输出面积大于 100 时的面积值。

2. 阅读下列程序,认真体会宏定义和宏替换。

```
#include <stdio.h>
#define N 3+4
#define M N*N
#define M1(x) x*x
#define M2(x,y) x*(y)
void main()
{
    printf("%d\n",M);
    printf("%d\n",M1(5-4));
    printf("%d\n",M2(M,3-2));
}
```

**【要求】**

(1) 阅读分析该程序的运行结果。

(2) 输入给定的源程序,并以 ex10_2.c 为文件名保存。

(3) 调试运行程序,并与自己分析的结果比较。

3. 从键盘输入三个数,求其中的大数和小数。请按要求编写程序,并上机调试。

**【要求】**

(1) 用自定义函数的方法实现求三个数中的最大数和最小数。

(2) 定义两个带参数的宏 MAX(a,b)和 MIN(a,b),在主函数中输入 3 个数,并求出这三个数中的最大数和最小数。

(3) 源程序以 ex10_31.c、ex10_32.c 为文件名保存,调试运行程序,根据不同的输入,分析结果是否正确。

**【程序设计提示】**

方法 1:用自定义函数实现。

```
float min(float x,float y)
{
    return(x<y? x:y);
}
```

方法 2:用带参数的宏实现。

```
#define MIN(x,y) x<y? x:y
```

4. 自己定义头文件,设计输出实数的格式。

**【要求】**

(1) 一行输出一个实数;一行输出两个实数;一行输出三个实数。

(2) 实数用%6.2f 格式输出。

(3) 自己建立一个头文件 format.h,包含以上用 #define 命令定义的格式。

(4) 将 format.h 包含到程序中,用 scanf 函数读入三个实数分别赋给 f1,f2,f3,然后用上面定义的三种格式分别输出:f1;f1,f2;f1,f2,f3。

(5) 源程序以 ex10_4.c 为文件名保存,调试运行程序,根据不同的输入,分析结果是否正确。

**【程序设计提示】**

使用宏定义,将下列格式宏做成头文件 format.h:

```
#define PR printf
#define NL "\n"
#define Fs "%f"
#define F "%6.2f"
#define F1 F NL
#define F2 F "\t" F NL
#define F3 F "\t" F"\t" F NL
```

然后再建立一个 C 语言程序 ex10_4.c,程序内容如下:

```
#include <stdio.h>
#include "format.h"
void main()
{
    float f1,f2,f3;
```

```
        PR("输入三个实数 f1,f2,f3:\n");
        scanf(Fs,&f1);
        scanf(Fs,&f2);
        scanf(Fs,&f3);
        PR(NL);
        PR("一行输出一个实数:\n");
        PR(F1,f1);
        PR(F1,f2);
        PR(F1,f3);
        PR(NL);
        PR("一行输出两个实数:\n");
        PR(F2,f1,f2);
        PR(NL);
        PR("一行输出三个实数:\n");
        PR(F3,f1,f2,f3);
}
```

5. 输入一行字母字符，根据需要设置条件编译，使之能将字母全改为大写字母输出或全改为小写字母输出。请按要求编写程序，并上机调试。

【要求】

(1) 使用一个字符数组存放输入的一行字符。

(2) 定义一个宏 LETTER，用"#if LETTER"命令检测，如果 LETTER 为1(真)，则编译一组语句，把小写字母改为大写字母；如果 LETTER 为0(假)，则编译一组语句，把大写字母改为小写字母。

(3) 源程序以 ex10_5.c 为文件名保存，调试运行程序，根据不同的输入，分析结果是否正确。

【程序设计提示】

```
#define LETTER 1    //LETTER 为控制条件,根据需要改变为 0 或 1
void main()
{
    char str[20]="C program",ch;
    int i=0;
    while((ch=str[i])!=\0')
    {
        i++;
        #if LETTER
            ……    //把小写字母改为大写字母
        #else
            ……    //把大写字母改为小写字母
        #endif
```

        ······  //输出字符

      }
  }

6. 已知一个三角形三边的边长,求三角形的面积。请按要求编写程序,并上机调试。

**【要求】**

(1) 定义两个带参数的宏:一个宏用来求 $p=\dfrac{1}{2}(a+b+c)$,另一个宏用来求

$s=\sqrt{p(p-a)(p-b)(p-c)}$。

(2) 源程序以 ex10_6.c 为文件名保存,调试运行程序,根据不同的输入,分析结果是否正确。

**【程序设计提示】**

定义两个带参数的宏:

#define p(a,b,c) (a+b+c)/2

#define s(a,b,c) sqrt(p(a,b,c) * (p(a,b,c)−a) * (p(a,b,c)−b) * (p(a,b,c)−c))

# 1.11　指针及其应用 1

## 1.11.1　实验目的

1. 掌握指针的概念,会定义和使用指针变量。
2. 能正确使用数组的指针和指向数组的指针变量。
3. 能正确使用字符串的指针和指向字符串的指针变量。
4. 了解指向指针的概念及其使用方法。

## 1.11.2　相关知识点

**1. 指针和指针变量**

指针就是内存地址,因为通过"地址"可以找到变量,所以内存"地址"形象地称为指针。

指针变量就是保存地址的变量。在 C 语言中用一个变量存放另一个变量的地址,那么就称这个变量为指针变量,指针变量的值就是地址。通常指针变量被简称为指针。

指针变量是有类型的,即指针值增 1 表示指向下一个数据,如整型数据在内存中占两个字节,它的指针变量增 1 是增加两个字节。如实型数据在内存中占 4 个字节,它的指针变量增 1 是增加 4 个字节。

**2. 定义指针变量**

指针变量定义的一般形式为:

数据类型 * 指针变量名 1, * 指针变量名 2,…

**3. 指针的有关运算**

指针为内存地址,是整数,可以进行一些算术运算、关系运算、赋值运算、特殊运算等,但要注意运算代表的实际意义。

**4. 指向数组的指针变量**

(1) 指向数组元素的指针变量定义形式为:

```
int a[10];
int * p＝a;
```

（2）指向一维数组的指针变量定义形式为：

```
int a[3][4];
int (* p)[4];
p＝a;
```

（3）指向字符串的指针变量定义形式为：

```
char * p＝"字符序列";
```

C 语言中的字符串是以隐含形式的字符数组存放的，定义了指针变量 p 并不是将整个字符串都存放在 p 中，而是将字符串的首地址存放到 p 中。

**5. 指向函数的指针变量**

一个函数在编译时被分配一个入口地址，这个地址就是函数的指针，可以用一个指针变量指向它。指向函数的指针变量定义形式为：

数据类型（ * 指针变量名）；

**6. 指针变量做函数的参数**

（1）指针作函数的参数可以传送地址，如数组的首地址，函数的入口地址等。

（2）指针作函数的参数也可以用地址方式传送数据。

**7. 返回值是指针的函数**

即函数的返回值是内存的地址，利用这种方法可以将一个以上的数据返回给函数的调用者。定义形式如下：

数据类型 * 函数名(形参表)

**8. 指针数组**

数组中的每个元素都是指针类型的数据，这种数组被称为指针数组。

定义形式为：数据类型 * 数组名[数组长度]；

**9. 指向指针的指针**

指向指针数据的指针变量称为指向指针的指针。定义形式为：

数据类型 ** 指针变量名；

**10. main 函数的形参**

main 函数可以带两个形参，如：

```
void   main(argc,argv)
int argc;
char * argv[];
{
    ...
}
```

**11. 指向结构体的指针变量**

结构体变量的指针就是该变量所占据的内存段的首地址。指向结构体的指针变量定义形式为：

struct 结构体类型名 * 指针变量名；

**12. 指向共用体的指针变量**

共用体变量的指针就是该变量所占据的内存段的首地址。指向共用体的指针变量定义形式为：

union 共用体类型名 ＊指针变量名；

## 1.11.3 实验内容

1. 下列给定程序中函数 fun 的功能是统计 substr 所指的子字符串在 str 所指的字符串中出现的次数。

例如，若字符串为 aaas 1kaaas，子字符串为 as，则应输出 2。

**【要求】**

(1) 改正程序中的错误，使它能得出正确的结果。

(2) 不得增行或删行，也不得更改程序的结构。

(3) 源程序以 ex11_1.c 为文件名保存，分析运行过程和结果。

给定源程序如下：

```
#include <stdio.h>
int fun (char * str,char * substr)
{   int i,j,k,num=0;
    for(i = 0; str[i]; i++)
    for(j=i,k=0;substr[k]==str[j];k++,j++)
        if(substr[k+1]=='\0')
        {   num++;
            break;
        }
    return num;
}
void  main()
{
    char str[80],substr[80];
    printf("Input a string:") ;
    gets(str);
    printf("Input a substring:") ;
    gets(substr);
    printf("%d\n",fun(str,substr));
}
```

2. 下列给定程序中函数 fun 的功能是将长整型数中个位上为奇数的数依次取出，构成一个新数放在 t 中。高位仍在高位，低位仍在低位。

例如，当 s 中的数为 87653142 时，t 中的数为 7531。

**【要求】**

(1) 改正程序中的错误，使它能得出正确的结果。

（2）不得增行或删行，也不得更改程序的结构。

（3）源程序以 ex11_2.c 为文件名保存，分析运行过程和结果。

给定源程序如下：

```c
#include <stdio.h>
void fun(long s,long * t)
{   int d; long sl=1;
    t=0;
    while (s>0)
    {   d=s%10;
        if (d%2==0)
        {   * t=d*sl+ * t;
            sl * =10;
        }
        s/=10;
    }
}
void   main()
{   long s,t;
    printf("\nPlease enter s:");
    scanf("%ld",&s);
    fun(s,&t);
    printf("The result is: %ld\n",t);
}
```

3.下列给定程序中函数 fun 的功能是：将指针 p 所指向的字符串中的所有字符复制到指针 b 中，要求每复制三个字符之后插入一个空格。

例如，若给 a 输入字符串：ABCDEFGKHIJK,调用函数后，字符数组 b 中的内容为：ABC　DEF　GKH　IJK。

【要求】

（1）改正程序中的错误，使它能得出正确的结果。

（2）不得增行或删行，也不得更改程序的结构。

（3）源程序以 ex11_3.c 为文件名保存，分析运行过程和结果。

给定源程序如下：

```c
#include <stdio.h>
void   fun(char * p,char * b)
{   int i,k=0;
    while( * p)
    {   i=1;
        while(i<=3 && * p)
        {
```

```
        b[k]=p;
        k++; p++; i++;
      }
    if( * p)
    {
        b[k++]=" ";
    }
    }
    b[k]='\0';
}
void   main()
{
    char a[80],b[80];
    printf("Enter a string:");
    gets(a);
    printf("The original string:");
    puts(a);
    fun(a,b);
    printf("\nThe string after insert space:");
    puts(b);
    printf("\n\n");
}
```

4. 下列给定程序中函数 fun 的功能是从 N 个字符串中找出最长的字符串,并将其地址作为函数值返回。各字符串在主函数中输入,并放入一个字符串数组中。

【要求】

(1) 不要改动主函数 main 和其他函数中的任何内容,仅在函数 fun 的花括号中填入若干语句。

(2) 源程序以 ex11_4.c 为文件名保存,分析运行过程和结果。

给定源程序如下:

```
#include <stdio. h>
#include <string. h>
#define N 5
#define M 81
char * fun (char ( * sq)[M])
{
    //请补充函数
}
void   main()
{
```

```
char str[N][M], * longest;
int i;
printf("Enter %d lines:\n",N);
for(i=0; i<N; i++)
    gets(str[i]);
printf("\nThe %d string:\n",N);
for(i=0; i<N; i++)
    puts(str[i]);
longest=fun(str);
printf("\nThe longest string :\n");
puts(longest);
}
```

5. 下列给定程序中函数 fun 的功能是用冒泡法对 6 个字符串进行升序排列。

【要求】

(1) 不要改动主函数 main 和其他函数中的任何内容,仅在函数 fun 的花括号中填入若干语句。

(2) 源程序以 ex11_5.c 为文件名保存,分析运行过程和结果。

给定源程序如下:

```
#include <stdio.h>
#include <string.h>
#define MAXLINE 20
void fun(char * pstr[6])
{
        //请补充函数
}
void   main()
{
    int i;
    char  * pstr[6],str[6][MAXLINE];
    for(i=0;i<6;i++)
        pstr[i]=str[i];
    printf("\nEnter 6 string(1 string at each line):\n");
    for(i=0;i<6;i++)
        scanf("%s",pstr[i]);
    fun(pstr);
    printf("The strings after sorting:\n");
    for(i=0;i<6;i++)
        printf("%s\n",pstr[i]);
}
```

6. 下列给定程序中函数 fun 的功能是将一个由八进制数字字符组成的字符串转换成十进制整数。规定输入的字符串最多只能包含 5 位八进制数字字符。

例如，若输入 77777，则输出 32767。

【要求】

(1) 改正程序中的错误，使它能得出正确结果。

(2) 不得增行或删行，也不得更改程序的结构。

(3) 源程序以 ex11_6.c 为文件名保存，分析运行过程和结果。

给定源程序如下：

```c
#include <stdio.h>
int fun(char * p)
{
    int n;
    n= * p-'o';
    p++;
    while( * p! =0)
    {
        n=n * 8+ * p-'o';
        p++;
    }
    return n;
}
void   main()
{
    char s[6]; inti,n;
    printf("Enter a string(Ocatal digits):");
    gets(s);
    if(strlen(s)>5)
{
    printf("Error：String too longer! \n\n");
    exit(0);
    }
    for(i=0; s[i]; i++)
        if(s[i]<'0'||s[i]>'7')
        {
            printf("Error：%c not is ocatal digits! \n\n",s[i]);
            exit(0);
        }
    printf("The original string:");
    puts(s);
```

```
        n=fun(s);
        printf("\n%s is convered to integer number:%d\n\n",s,n);
    }
```

7. 下列给定程序中函数 fun 的功能是将包含 n 个字符的字符串从第 m 个字符开始的全部字符复制成另一个字符串。

**【要求】**

（1）不要改动主函数 main 和其他函数中的任何内容，仅在函数 fun 的花括号中填入若干语句。

（2）源程序以 ex11_7.c 为文件名保存，分析运行过程和结果。

给定源程序如下：

```c
#include <stdio.h>
#include <string.h>
void main()
{
    void copystr(char * ,char * ,int);
    int m;
    char str1[20],str2[20];
    printf("input string:");
    gets(str1);
    printf("\ninput the position that begin to copy?");
    scanf("%d",&m);
    if (strlen(str1)<m)
        printf("\ninput error! \n");
    else
    {
        copystr(str1,str2,m);
        printf("\nresult:%s\n",str2);
    }
}
void copystr(char * p1,char * p2,int m)
{
    //请补充函数
}
```

## 1.12　指针及其应用 2

### 1.12.1　实验目的

1. 进一步掌握指针定义和使用指针变量。

2. 进一步掌握使用数组的指针和指向数组的指针变量。

3. 进一步掌握使用字符串的指针和指向字符串的指针变量。

4. 掌握指向指针的概念及其使用方法。

## 1.12.2　实验内容

1. 下列程序的功能是定义两个函数 input()和 output(),实现对 10 个数组元素的全部输入和输出。

```c
#include <stdio.h>
void input(int a[])
{
    int i;
    for(i=0;i<=9;i++)
    scanf("%d",&a[i]);
}
void output(int a[])
{
    int i;
    for(i=0;i<=9;i++)
    printf(" %d",a[i]);
    printf("\n");
}
void main()
{
    int a[10];
    input(a);
    output(a);
}
```

【要求】

(1) 阅读分析该程序的功能与运行结果。

(2) 输入给定的源程序,并以 ex12_1.c 为文件名保存,编译并运行程序。

(3) 如果将两个函数的首部改为:

void input(int * a)

void output(int * a)

程序能否正常执行? 请修改并重新编译调试程序,并比较结果有无影响。

2. 下列程序的功能是使用冒泡排序算法对输入的 10 个整数进行排序,输出的形式为从小到大。

```c
#include <stdio.h>
void swap2(int * ,int * );
void bubble(int a[],int n);
void main()
```

```
{
    int n=10,a[10];
    int i;
    printf("请输入 10 个整数:\n");
    for (i=0;i<n;i++)
        scanf("%d",&a[i]);
    bubble(a,n);
    printf("排序后的数据为:\n");
    for (i=0;i<n;i++)
        printf("%4d",a[i]);
    printf("\n");
}
void bubble(int a[],int n)    //n 是数组 a 中元素的个数
{
    int i,j;
    for(i=1;i<n;i++)
        for(j=0;j<n-i;j++)
            if (a[j]>a[j+1])
                swap2(&a[j],&a[j+1]);
}
void swap2(int * px,int * py) //交换函数
{
    int t;
    t= * px;
    * px= * py;
    * py=t;
}
```

**【要求】**

(1) 输入给定的源程序,并以 ex12_21.c 为文件名保存。

(2) 调试运行程序,根据不同的输入,分析结果的正确性。

(3) 修改上面的程序,使其在功能上有所扩展。在输入 10 个整数后,提示输入一个字母 A 或 D,如果输入 A,则将 10 个数按从小到大的顺序输出;如果输入 D,则按从大到小的顺序输出。修改后的源程序以 ex12_22.c 为文件名保存。

**【程序设计提示】**

通过一个字符变量获取键盘输入的字符,用分支结构实现不同调用(升序或降序)。

修改后程序的运行结果:

请输入 10 个整数:

9 8 4 7 3 6 2 1 10 0

升序还是降序? 升序请输入 A,降序请输入 D:

A

排序后的结果为：

0 1 2 3 4 6 7 8 9 10

3. 将一个已知的 3×3 矩阵进行转置。

**【要求】**

（1）自定义函数，采用数组不用指针的方法实现。

（2）自定义函数，采用指针的方法实现。

（3）源程序分别以 ex12_31. c、ex12_32. c 为文件名保存，并分析运行结果。

在主函数中用 scanf 函数输入以下矩阵元素：

$$
\begin{array}{ccc}
1 & 3 & 5 \\
7 & 9 & 11 \\
13 & 15 & 17
\end{array}
$$

将数组名作为函数参数，在执行函数的过程中实现矩阵转置，函数调用结束后在主函数中输出转置后的矩阵。

**【程序设计提示】**

方法 1：自定义函数，采用数组实现。

```c
void move(int a[3][3])
{
    int i,j,t;
    for(i=0;i<3;i++)
        for(j=0;j<3;j++)
            b[j][i]=a[i][j];
}
```

方法 2：自定义函数，使用指针实现矩阵转置。

```c
void move(int * p)
{
    int i,j,t;
    for(i=0;i<3;i++)
    for(j=i;j<3;j++)
    {
        t= * (p+3 * i+j);
        * (p+3 * i+j)= * (p+3 * j+i);
        * (p+3 * j+i)=t;
    }
}
```

main 函数结构如下：

```c
……        //定义数组 a,指针变量 p
……        //被调用函数声明
……        //输入矩阵;
```

```
……                //指针 p 指向数组 a[0][0]
……                //调用 move();
……                //输出矩阵;
```

4. 有 n 人围成一个圈,顺序排号,从第一个人开始报数(从 1 到 3 报数),凡报到 3 的人退出圈子,问最后留下的是原来第几号?

**【要求】**

(1) 自定义函数,采用数组的方法实现。

(2) 自定义函数,采用指针的方法实现。

(3) 源程序分别以 ex12_41.c、ex12_42.c 为文件名保存,并分析运行过程和结果。

**【程序设计提示】**

报数程序段如下:

```
for(i=0;i<n;i++)
    *(p+i)=i+1;
i=0;              //i 为现正报数的人的编号
k=0;              //k 为 1,2,3 计数时的计数变量
m=0;              //m 为退出的人数
while(m<n-1)
{
    if(*(p+i)!=0) k++;
    if(k==3)  //对退出的人的编号置 0
    {
        *(p+i)=0;
        k=0;
        m++;
    }
    i++;
    if(i==n)  i=0;
}
```

5. 试用矩形法求定积分的通用函数,分别求:

$$\int_0^1 \sin\ x\mathrm{d}x \qquad \int_{-1}^1 \cos x\mathrm{d}x \qquad \int_0^2 \mathrm{e}^x\mathrm{d}x$$

**【要求】**

(1) 自定义函数,采用指针的方法实现。

(2) 修改源程序,采用梯形法实现。

(3) 源程序分别以 ex12_51.c、ex12_52.c 为文件名保存,并分析运行过程和结果。

**【程序设计提示】**

方法 1:矩形法求积分函数。

```
float integral(float (*p)(float),float a,float b,int n)
{
```

```
    int i;
    float x,h,s;
    h=(b-a)/n;
    x=a;
    s=0;
    for(i=0;i<n;i++)
    {
        x=x+h;
        s=s+(*p)(x)*h;
    }
    return(s);
}
```

调用格式：

```
float (*p)(float);
float fsin(float);
p=fsin;
c=integral(p,a1,b1,n);
```

fsin 函数如下：

```
float fsin(float x)
{ return sin(x); }
```

方法 2：梯形法公式。

$$s=[(f(a)+f(b))/2+f(a+h)+f(a+2h)+\cdots+f(a+(n-1)h)]h$$

```
float integral(float (*p)(float),float a,float b,int n)
{
    int i;
    float x,h,s;
    h=(b-a)/n;
    x=a;
    s=((*p)(a)+(*p)(b))/2;
    for(i=1;i<n;i++)
    {
        x=x+h;
        s=s+(*p)(x)*h;
    }
    return(s);
}
```

6. 用指向指针的指针的方法对 n 个整数排序并输出。

【要求】

(1) 将排序单独写成一个函数，n 和各整数在主函数中输入，最后在主函数中输出。

（2）源程序分别以 ex12_6.c 为文件名保存，并分析运行结果。

**【程序设计提示】**

排序函数如下：

```
void sort(int ** p,int n)
{
    int i,j, * t;
    for(i=0;i<n-1;i++)
        for(j=i+1;j<n;j++)
            if( ** (p+i)> ** (p+j))
            {t= * (p+i); * (p+i)= * (p+j); * (p+j)=t; }
}
```

main 函数如下：

```
void main()
{
    void sort(int ** p,int n);
    int i,n,data[10], ** p, * pstr[10];
    printf("请输入 n:");
    scanf("%d",&n);
    for(i=0;i<n;i++)
        pstr[i]=&data[i];
    printf("\n 输入 %d 个整数\n",n);
    for(i=0;i<n;i++)
        scanf("%d",pstr[i]);
    p=pstr;
    sort(p,n);
    printf("\n 排序后的序列:\n");
    for(i=0;i<n;i++)
        printf("%5d", * pstr[i]);
    printf("\n");
}
```

# 1.13   字符串及其应用

## 1.13.1   实验目的

1. 掌握字符数组的定义、赋值和输入输出的方法。
2. 掌握字符串函数的使用。
3. 掌握与字符串有关的典型算法。
4. 正确使用字符串指针和指向字符串指针的变量。

## 1.13.2　相关知识点

### 1. 字符串的表示

C 语言中没有字符串变量,用一维字符数组表示字符串,其定义、初始化均与一般的数组相仿。如果在声明字符数组的同时初始化数组,则可以不规定数组的长度,系统在存储字符串时,会在字符串尾自动加上一个结束标志 '\0',结束标志在字符数组中也要占用一个元素的存储空间。

(1) 字符数组的定义。

用字符型数据对数组进行初始化。如:char a[3]={'c', 'd', 'e'};

用字符串常量给数组初始化。如:char a[6]="China";

(2) 字符数组的引用。

引用一维数组名,可以代表字符串。如:printf("%s",a);

(3) 字符数组的输入与输出。

逐个字符输入输出。用格式符"%c"输入或输出一个字符。

将整个字符串一次输入或输出。用"%s"格式符,意思是对字符串的输入输出。

**注意**:只有字符数组才可以用数组名称直接将整个数组中的元素输出,其他类型的数组不具备这种特征。

### 2. 字符串处理函数

**表 1-7　字符串处理函数**

| 函数名 | 一般形式 | 作用 |
|---|---|---|
| puts | puts (字符数组) | 将一个字符串(以 '\0' 结束的字符序列)输出到终端 |
| gets | gets(字符数组) | 从终端输入一个字符串到字符数组,并且得到一个函数值。该函数值是字符数组的起始地址。 |
| strcat | strcat(字符数组 1,字符数组 2) | 连接两个字符数组中的字符串,把字符串 2 接到字符串 1 的后面,结果放在字符数组 1 中 |
| strcpy | strcpy(字符数组 1,字符串 2) | 将字符串 2 复制到字符数组 1 中去 |
| strcmp | strcmp(字符串 1,字符串 2) | 比较字符串 1 和字符串 2,结果由函数值带回:<br>(1) 字符串 1=字符串 2,函数值为 0。<br>(2) 字符串 1>字符串 2,函数值为正整数。<br>(3) 字符串 1<字符串 2,函数值为负整数。 |
| strlen | strlen (字符数组) | 测试字符串长度的函数。函数的值为字符串中的实际长度(不包括 '\0' 在内) |
| strlwr | strlwr (字符串) | 将字符串中大写字母换成小写字母 |
| strupr | strupr (字符串) | 将字符串中小写字母换成大写字母 |

### 3. 指针和字符数组

字符数组名表示该字符串在内存中的首地址。当定义一个指针变量指向字符数组后,就可以通过指针访问数组中的每一个数组元素。访问字符串有数组法和指针法两种方式。

(1) 用字符数组存放一个字符串。

例如：

char str[]="I am a student. ";

printf("%s\n",str);

（2）用字符指针指向一个字符串。

① 直接用字符指针指向字符串中的字符。

例如：

char * str="I am a student. ";

printf("%s\n",str);

在这里没有使用字符数组，而是定义了一个字符指针变量 str，指向该字符串的首地址。

② 字符指针指向已定义的字符数组。

例如：

char * p;

char str[20]={"I am a student. "};

p=str;

printf("%s\n",p);

也可以直接赋值。例如：

char str[20]={"I am a student. "}, * p=str;

**注意**：通过字符数组名或字符指针变量可以一次性输出的只有字符数组（即字符串），而对一个数值型的数组，是不能企图用数组名输出它的全部元素，只能借助于循环逐个输出数组元素。

（3）指向字符串的指针变量操作。

当定义一个字符指针变量指向字符串后，通过该指针变量对字符串进行的操作有两种方式。

① 对字符串中的字符进行操作。

对字符串中的字符进行操作，与前面介绍过的通过指针变量引用普通数组元素的方法类似，用"*指针变量名"实现引用，并通过指针变量的运算实现移动，指向不同的字符进行处理。唯一不同的是，判断一个字符串的结束需要通过判断"是否遇到字符串的结束标志 '\0'"来实现，因为字符数组存放的字符串长度通常小于数组的长度。

② 对字符串进行整串操作。

用指向字符串或字符数组的指针名作为字符串或字符数组的代表，表示其存储区域的起始位置，可实现对字符串的整体操作。在输入输出时，用控制符"%s"来控制。

## 1.13.3　实验内容

1. 输入一行字符（即一个字符串），分别统计出其中的英文字母、空格、数字和其他字符的个数。请按要求编写程序，并上机调试。

【要求】

（1）用字符数组的方法实现。

（2）不采用字符数组的方法实现。

（3）一行字符用 gets 函数输入，字符的判断用字符处理函数实现。

(4) 源程序分别以 ex13_11. c、ex13_12. c 为文件名保存,并分析运行结果。

**【程序设计提示】**

方法 1:采用数组的方法实现。

方法 2:不采用字符数组,用指向字符串指针的方法实现。

```c
#include <stdio. h>
void  main()
{
    int i,j,k,m;
    char * p,a[100];
    p=a;
    i=j=k=m=0;
    scanf("%s",p);
    for( ; * p! ='\0';p++)
    {
        if( * p>=97 && * p<=122 ) i++;
        else if( * p>=65 && * p<=90) j++;
        else if( * p>=48 && * p<57) k++;
        else m++;
    }
    printf("小写字母:%d,大学字母:%d,数字:%d,其他字符:%d",i,j,k,m);
}
```

2. 下列程序的功能是从键盘上输入的三个字符串,查找其中最大的字符串。请修改调试程序使之能正确运行。

```c
#include <stdio. h>
void main()
{
    char str1[20],str2[20],str3[20],strmax[20];
    printf("请输入 3 个字符串:\n");
    scanf("%s%s%s",str1,str2,str3);
    if(str1>str2)
        strmax=str1;
    else
        strmax=str2;
    if(str3>strmax)
        strmax=str3;
    printf("最大的字符串为:%s\n",strmax);
}
```

**【要求】**

(1) 阅读分析该程序的错误。

（2）输入给定的源程序，并以 ex13_21. c 为文件名保存。

（3）运行此程序，分析出错情况。

（4）采用动态调试的方法，根据错误提示进行分析并修改。

（5）修改源程序，采用指向字符串指针的方法实现，并以 ex13_22. c 为文件名保存。

3. 编写一函数，求一个字符串的长度。

【要求】

（1）在 main( )函数中输入字符串，并输出其长度。

（2）用数组的方法实现。

（3）不采用数组的方法实现。

（4）源程序分别以 ex13_31. c、ex13_32. c 为文件名保存。

【程序设计提示】

方法 1：用字符数组的方法实现。

方法 2：不用字符数组，采用指向字符串指针的方法实现。

```c
int len(char * s)
{
    int k=0;
    for(; * s! ='\0';s++)
      k++;
    return k;
}
void main()
{
    ……    //定义一个字符数组,并定义一个字符指向该字符数组
    ……    //输入一个字符串
    ……    //调用 len()函数,并输出调用结果
}
```

4. 输入一行英文字符，统计其中有多少个单词，设单词之间用空格分隔开。

【要求】

（1）使用 gets( )函数输入一行字符。

（2）输入给定的源程序，并以 ex13_41. c 为文件名保存，分析运行结果。

（3）修改给定的源程序，采用指向字符串指针的方法实现，并以 ex13_42. c 为文件名保存。

【程序设计提示】

将输入的英文字符放入字符数组 str 中，且单词之间用空格分隔。将字符数组 str 中的每一个字符取出并进行判断，如果是空格，则表示单词结束，将标志变量 word 置为 0；如果不是空格，则要判断一个单词有没有开始？如果没有开始，则将标志变量 word 置为 1，同时将单词个数变量增 1；如果已经开始，则接着取下一个字符，直到字符串结束为止。

```c
#include <stdio. h>
void main()
```

```
{
     char str[81];
     int i,num=0,word=0;
     char c;
     printf("请输入一行字符串:\n");
     gets(str);        //输入一行字符
     for (i=0;(c=str[i])! ='\0';i++) //对一行字符中的每一个字符进行处理
          if(c==' ')//若字符为空格,则表示单词未开始
                word=0;//将单词标志置为 0
     else if(word==0)//若字符不为空格,且单词标志为 0,则表示新单词开始
          {
               word=1; //将单词标志置为 1
               num++;//将单词个数加 1
          }
     printf("这行字符串中含有的单词个数为:%d\n",num);//输出单词个数
}
```

5. 输入五个国家的名称并按字母顺序排列输出。

**【要求】**

(1) 使用 gets()函数输入一行字符。

(2) 输入给定的源程序,并以 ex13_51.c 为文件名保存,分析运行结果。

(3) 修改给定的源程序,采用指向字符串指针的方法实现,并以 ex13_52.c 为文件名保存。

**【程序设计提示】**

国家名称的处理可用一个二维字符数组来进行。由于 C 语言规定可以把一个二维数组当成多个一维数组处理。因此,本题又可以将一个二维数组分成五个一维数组处理,而每一个一维数组就是一个国家名称的字符串。用字符串比较函数比较各个一维数组的大小,并进行排序,最后输出结果。

```
#include <stdio. h>
#include <string. h>   //使用字符串处理函数
void main()
{
     char st[20],cs[5][20];//定义字符数组,cs 数组存放 5 个国家的名称
     int i,j,p;
     printf("请输入 5 个国家的名称:\n");
     for(i=0;i<5;i++)   //输入 5 个国家的名称
     {
          printf("输入第%d 国家的名称:\n",i+1);
          gets(cs[i]);
     }
```

```
        printf("\n");
        for(i=0;i<4;i++)   //使用改进的选择法对数组 cs[0]~cs[4]进行排序
        {
            p=i;
            for(j=i+1;j<5;j++)
            if(strcmp(cs[j],cs[p])<0) //两个字符串进行比较
                p=j;
            if(p! =i)
            {                  //字符串交换,采用字符串复制函数实现
                strcpy(st,cs[i]);
                strcpy(cs[i],cs[p]);
                strcpy(cs[p],st);
            }
            puts(cs[i]);   //输出每轮处理后的第一个字符串
            printf("\n");
        }
    puts(cs[i]);           //输出最后一个字符串
    printf("\n");
    }
```

## 1.14  结构体与共用体及其应用

### 1.14.1  实验目的

1. 掌握结构体类型变量的定义和使用。
2. 掌握结构体类型数组的概念和应用。
3. 掌握共用体类型变量的定义和使用。
4. 掌握结构体与循环以及数组结合使用的技巧。

### 1.14.2  相关知识点

**1. 结构体**

结构体类型是 C 语言的一种构造数据类型,它是多个相关的不同类型数据的集合,相当于其他高级语言中的记录。

(1) 结构体类型定义。

结构体类型的形式为:

```
struct 结构体类型名
{
    数据类型 成员名 1;
    …
    数据类型 成员名 n;
```

　}

（2）结构体变量的定义。

结构体变量有三种定义形式：

① 先定义结构体类型，后定义结构体变量。

② 定义结构体类型的同时定义结构体变量。

③ 不定义结构体类型名，直接定义结构体变量。

（3）结构体变量的引用。

① 结构体变量的初始化：许多 C 语言版本规定对外部或静态存储类型的结构体变量可以进行初始化，而对局部的结构体变量则不可以，新标准的 C 语言无此限制，允许在定义时对自动变量初始化。

② 结构体成员的引用：由于 C 语言一般不允许对结构体变量的整体引用，所以对结构体的引用只能是对分量的引用，结构体变量中的任一分量可以表示为：结构体变量名·成员名

（4）结构体与数组。

C 语言中数组的成员可以是结构体变量，结构体变量的成员也可以是数组。

结构体数组有三种定义形式：

① 先定义结构体类型，后定义结构体数组。

② 定义结构体类型的同时定义结构体数组。

③ 不定义结构体类型名，直接定义结构体变量。

（5）结构体与指针。

一方面结构体变量中的成员可以是指针变量，另一方面也可以定义指向结构体的指针变量。指向结构体的指针变量的值是某一结构体变量在内存中的首地址。

结构体指针的定义形式：

　　　　　struct　结构体类型名　＊结构体指针变量名。

由结构体指针引用结构体成员的方法。

（6）用指针处理链表。

结构体的成员可以是指针类型，并且这个指针类型就是本结构体类型的，这样可以构造出一种动态数据结构链表。所谓动态数据是指在编译时不能确定数据量的多少，而在程序执行时才能确定的数据，动态数据可以比较方便的进行数据插入或删除等操作。

（7）结构体与函数。

结构体变量的成员可以作为函数的参数。指向结构体变量的指针也可以作为函数的参数。虽然结构体变量名也可以作为函数的参数，将整个结构体变量进行传递，但一般不这样做。因为如果结构体的成员很多，或者有些成员是数组，则在程序运行期间，会将全部成员一个一个地传递。这样既浪费时间，又浪费空间，开销太大。

（8）结构体与共用体。

结构体变量中的成员可以是共用体。共用体变量中的成员可以是结构体。

**2. 共用体**

为了节省存储空间，C 语言允许将几种不同类型的数据存放在同一段内存单元内，它们共用一个起始地址，称做共用体。

（1）共用体类型定义：

union 共用体类型名

{

    数据类型　成员名 1;

    ...

    数据类型　成员名 n;

}

(2) 共用体变量定义:

① 先定义类型,后定义变量。

② 定义类型的同时定义变量。

③ 不定义类型名的,直接定义变量。

(3) 共用体变量的引用:

① 共用体变量不能整体引用,只能引用其成员,形式为:共用体变量名.成员名

② 共用体变量的成员不能初始化,因为它只能放一个数据。

③ 共用体变量存放的数据是最后放入的数据。

④ 共用体变量的长度是最大成员的长度。

⑤ 可以引用共用体变量的地址、各个成员的地址,它们都是同一个地址。

⑥ 共用体变量不能当函数的参数或函数的返回值,但可以用指向共用体变量的指针作为函数的参数。

⑦ 共用体变量的成员可以是数组,数组的成员也可以是共用体变量。

## 1.14.3　实验内容

1. 请编写函数 fun,求出该学生的平均分,并放入记录的 ave 成员中。设某学生的记录由学号、8 门课程成绩和平均分组成,学号和 8 门课程的成绩已在主函数中给出。

例如,学生的成绩是:85.5,76,69.5,85,91,72,64.5,87.5,则他的平均分应为 78.875。

【要求】

(1) 不要改动主函数 main 和其他函数中的任何内容,仅在函数 fun 中填入若干语句。

(2) 源程序以 ex14_1.c 为文件名保存,分析运行过程和结果。

给定源程序如下:

```c
#include <stdio.h>
#define N 8
typedef struct
{   char num[10];
    float score[N];
    float ave;
}STREC;
void fun(STREC *a)
{
    //请补充函数
}
```

```
void   main()
{
    STREC s={"GA005",85.5,76,69.5,85,91,72,64.5,87.5};
    int i;
    fun(&s );
    printf("The %s's student data:\n",s. num);
    for(i=0;i<N; i++)
        printf("%4.1f\n",s. score[i]);
    printf("\nave=%7.3f\n",s. ave);
}
```

2. 编写函数 fun(),按分数降序排列学生的记录,高分在前,低分在后。设学生的记录由学号和成绩组成,学生的数据已放入主函数中的结构体数组 s 中。

**【要求】**

(1) 不要改动主函数 main 和其他函数中的任何内容,仅在函数 fun 中填入若干语句。

(2) 源程序以 ex14_2.c 为文件名保存,分析运行过程和结果。

给定源程序如下:

```
#include <stdio.h>
#define N 16
typedef struct
{   char num[10];
    int score;
}STREC;
void fun(STREC a[])
{
    //请补充函数
}
void   main()
{
    STREC s[N]={{"GA005",85},{"GA003",76},{"GA002",69},{"GA004",85},
    {"GA001",91},{"GA007",72},{"GA008",64},{"GA006",87},
    {"GA015",85},{"GA013",91},{"GA012",64},{"GA014",91},
    {"GA011",66},{"GA017",64},{"GA018",64},{"GA016",72}};
    int i;FILE * out;
    fun(s);
    printf("The data after sorted:\n");
    for(i=0;i<N; i++)
    {
        if( (i)%4==0 ) printf("\n");
        printf("%s   %4d",s[i]. num,s[i]. score);
```

```
        }
        printf("\n");
        out = fopen("out.dat","w");
        for(i=0;i<N; i++)
        {
            if((i)%4==0 && i) fprintf(out,"\n");
            fprintf(out,"%4d",s[i].score);
        }
        fprintf(out,"\n");
        fclose(out);
}
```

3. 设有 5 位学生的信息,每位学生的信息包含 3 项:学号、姓名、成绩,根据学生的成绩从高到低排列。请按要求编写程序,并上机调试。

**【要求】**

(1) 采用结构体数组。

(2) 输入数据前,给出提示信息。

(3) 输出数据时也要给出提示信息,且每个学生的信息占一行。

(4) 源程序以 ex14_31.c 为文件名保存,并分析运行结果。

(5) 修改源程序,采用结构体指针实现,源程序以 ex14_32.c 为文件名保存,并分析运行结果。

**【程序设计提示】**

```
#define N 5
struct student
{
    char num[10];
    char name[20];
    float score;
}stu[N];
void main()
{
    int i,j,k;
    struct student t;
    for(i=0;i<N;i++)
    {
        printf("请输入第%d 个学生的信息:",i+1);
        scanf("%s%s%f",stu[i].num,stu[i].name,&stu[i].score);
    }
    for(i=0;i<N-1;i++)
    {
```

```
        k=i;
        for(j=i+1;j<N;j++)
            if(stu[j].score>stu[k].score) k=j;
        if(k!=i)
        { t=stu[k];stu[k]=stu[i];stu[i]=t; }   //整体交换
    }
    printf("名次    学号    姓名    成绩\n");
    for(i=0;i<N;i++)
    {
        printf("%6d%10s%10s%8.1f\n",i+1,stu[i].num,stu[i].name,stu[i].
score);
    }
}
```

4. 设有 5 位职工的信息，每位职工含 5 项信息：工号、姓名、工资、津贴、应发金额。请按要求编写程序，并上机调试。

表 1-8　职工信息

| 工号 | 姓名 | 工资 | 津贴 | 应发金额 |
|------|------|------|------|----------|
| 0101 | 周黎明 | 3 500 | 1 100 | |
| 0102 | 张红军 | 2 200 | 900 | |
| 0103 | 赵敏锐 | 3 150 | 1 000 | |
| 0104 | 李小平 | 3 680 | 1 200 | |
| 0105 | 路路佳 | 4 160 | 1 200 | |

【要求】

(1) 采用结构体数组。

(2) 输入 5 位职工的前 4 项信息，并求出应发金额。

(3) 将每位职工的信息按表 1-8 的形式显示在屏幕上。

(4) 源程序以 ex14_41.c 为文件名保存，并分析运行结果。

(5) 修改源程序，采用结构体指针实现，源程序以 ex14_42.c 为文件名保存，并分析运行结果。

【程序设计提示】

采用结构体数组存放职工的信息。用循环输入每位职工的信息，同时在循环体中求出应发金额，再用循环输出结构体数组中的数据。

```
#include <stdio.h>
#define N 10
void main()
{
    struct zgxx
```

```
{    char gh[10];
        char xm[9];
        float gz;
        float jt;
        float yf;
}zg[N];
    int i;
    for(i=0;i<N;i++)
    {
        printf("请输入第%d 个职工信息:",i+1);
        scanf("%s%s%f%f",zg[i].gh,zg[i].xm,&zg[i].gz,&zg[i].jt);
        zg[i].yf=zg[i].gz+zg[i].jt;
    }
    printf("-------------------------------\n");
    printf("|  工号  |  姓名  |  工资  |  津贴  |应发金额|\n");
    for(i=0;i<N;i++)
    {
        printf("|%8s|%8s|%8.2f|%8.2f|%8.2f|\n",zg[i].gh,zg[i].xm,
        zg[i].gz,zg[i].jt,zg[i].yf);
        printf("-------------------------------\n");
    }
}
```

5. 有若干个人员的信息,其中有教师和学生。教师的信息包括:工号、姓名、性别、职业、部门。学生的信息包括:学号、姓名、性别、职业、班级。

**【要求】**

(1) 采用一个表格来处理。

(2) 源程序以 ex14_51.c 为文件名保存,并分析运行结果。

(3) 修改源程序,采用结构体指针实现,源程序以 ex14_52.c 为文件名保存,并分析运行结果。

**【程序设计提示】**

可将教师"工号"和学生"学号"用同一个名称"号码"表示,这样教师和学生信息的前 4 项是相同的,只有第 5 项不同。要采用一个表格处理,可以定义一个结构体,前 4 个成员表示教师和学生信息的前 4 项,第 5 项用共用体处理。

```
#define N 5          //N 为人员个数
struct               //定义无名结构体类型
{   char hm[10];     //结构体成员(号码)
    char xm[10];     //结构体成员(姓名)
    char xb[3];      //结构体成员(性别)
    char zy[5];      //结构体成员(职业)
```

```
    union                   //定义无名共用体类型
    {   char bm[12];        //共用体成员(部门)
        char bj[15];        //共用体成员(班级)
    }gy;                    //结构体成员是共用体变量
}per[N];                    //定义无名结构体数组
void main()
{
    int i;
    for(i=0;i<N;i++)
    {
        printf("请输入教师或学生的信息:\n");//输入前 4 项信息
        scanf("%s%s%s%s",per[i].hm,per[i].xm,per[i].xb,per[i].zy);
        if(strcmp(per[i].zy,"教师")==0)      //如果是教师,输入部门
            scanf("%s",per[i].gy.bm);        //输入第 5 项信息:部门
        else if(strcmp(per[i].zy,"学生")==0)//如果是学生,输入班级
            scanf("%s",per[i].gy.bj);        //输入第 5 项信息:班级
        else
            printf("输入错误:\n");           //职业不为教师或学生,出错
    }
    printf("\n");
    printf("号码        姓名      性别   职业      部门/班级\n");
    for(i=0;i<N;i++)
    {
        if(strcmp(per[i].zy,"教师")==0)      //如果是教师,则输出如下
            printf("%-10s%-10s%-5s%-8s%-10s\n",per[i].hm,per[i].xm,
            per[i].xb,per[i].zy,per[i].gy.bm);
        else                                 //如果是学生,则输出如下
            printf("%-10s%-10s%-5s%-8s%-10s\n",per[i].hm,per[i].xm,
            per[i].xb,per[i].zy,per[i].gy.bj);
    }
}
```

6. 在屏幕上模拟显示一个数字式时钟。

【要求】

(1) 阅读分析该程序的运行结果。

(2) 输入给定的源程序,并以 ex14_61.c 为文件名保存。

(3) 按如下方法定义一个时钟结构体类型:

```
struct clock
{   int hour;
    int minute;
```

```
        int second;
    };
    typedef struct clock CLOCK；
```

将下列用全局变量编写的时钟模拟显示程序改成用 CLOCK 结构体变量类型重新编写,并以 ex14_62. c 为文件名保存。

给定源程序如下:

```c
#include <stdio. h>
int hour,minute,second;    //全局变量定义
void update(void)    //函数功能:时、分、秒时间的更新
{
    second++;
    if (second==60)//若 second 值为 60,表示已过 1 分钟,则 minute 值加 1
    {
        second=0;
        minute++;
    }
    if (minute==60)//若 minute 值为 60,表示已过 1 小时,则 hour 值加 1
    {
        minute=0;
        hour++;
    }
    if (hour==24)    //若 hour 值为 24,则 hour 的值从 0 开始计时
    {
        hour=0;
    }
}
void display(void) //函数功能:时、分、秒时间的显示
{ //用回车符 '\r' 控制时、分、秒显示的位置
    printf("%2d:%2d:%2d\r",hour,minute,second);
}
void delay(void)    //函数功能:模拟延迟 1 秒的时间
{
    long t;
    for (t=0;t<50000000;t++)
    {
                //循环体为空语句的循环,起延时作用
    }
}
void   main()
```

```
{
    long i;
    hour＝minute＝second＝0;//hour,minute,second 赋初值 0
    for (i＝0;i＜100000;i＋＋)//利用循环结构,控制时钟运行的时间
    {
        update();              //时钟更新
        display();             //时间显示
        delay();               //模拟延时 1 秒
    }
}
```

## 1.15　链表及其应用

### 1.15.1　实验目的

1. 掌握链表的概念与应用。

2. 初步学会对链表进行操作,包括建立链表、遍历链表、插入结点、删除结点、查找结点。

### 1.15.2　相关知识点

**1. 链表的概念**

链表是一种常见的重要数据结构,它是动态地进行存储单元分配的一种结构。链表是由若干个结点链接而成的,每个结点是一个结构体。在结点结构中第一个结点称为头结点,它存放有第一个结点的首地址,它没有数据,只是一个指针变量。以后的每个结点都分为两个域:一个是数据域,用来存放各种实际的数据;另一个域用来存放下一结点的首地址,这个用于存放地址的成员,通常把它称为指针域。

**2. 建立与输出静态单向链表**

(1) 定义一个结构体类型,其成员由具体问题决定。

(2) 将第一个结点的起始地址赋给头指针,第二个结点的起始地址赋给第一个结点的指针域,第三个结点的起始地址赋给第二个结点的指针域。

(3) 将最后一个结点的指针域赋予 NULL。

**3. 建立与输出动态单向链表**

建立动态链表是指在程序执行过程中从无到有地建立起一个链表,即一个一个地开辟结点和输入各结点数据,并建立起前后相链的关系。

(1) 处理动态链表所需要的库函数。

① malloc()函数:原型为 void ＊ malloc(unsigned int size);其作用是在内存的动态存储区中分配一个长度为 size 的连续空间,此函数的返回值是一个指向分配域起始地址的指针(类型为 void)。如果此函数未能成功地执行(如内存空间不足),则返回空指针(NULL)。

② calloc()函数:原型为 void ＊ calloc(unsigned n,unsigned size);其作用是在内存的动态存储区中分配 n 个长度为 size 的连续空间,函数返回一个指向分配域起始地址的指针;

如果分配不成功,返回 NULL。用 calloc 函数可以为一维数组开辟动态存储空间,n 为数组元素个数,每个元素长度为 size。

③ free()函数:原型为 void free(void * p);其作用是释放由 p 指向的内存区,使这部分内存区能被其他变量使用,p 是最近一次调用 calloc 或 malloc 函数时返回的值。free 函数无返回值。

(2) 建立动态单向链表的步骤。

① 读取数据。

② 生成新结点。

③ 将数据存入结点的成员变量中。

④ 将新结点插入到链表中,重复上述操作直至输入结束。

(3) 输出动态单向链表。

输出单向链表各结点数据域中内容的算法比较简单,只需利用一个工作指针 p 从头到尾依次指向链表中的每个结点,当指针指向某个结点时,就输出该结点数据域中的内容,直到遇到链表结束标志为止。如果是空链表,就只输出提示信息并返回调用函数。

**4. 在链表中插入结点**

对链表的插入是指将一个结点插入到一个已有的链表中。在单向链表中插入结点,首先要确定插入的位置。插入结点在指针 p 所指的结点之前称为"前插",插入结点在指针所指的结点之后称为"后插"。

为了能做到正确插入,必须解决两个问题:① 怎样找到插入的位置;② 怎样实现插入。

**5. 删除链表中的结点**

从一个动态链表中删去一个结点,并不是真正从内存中把它抹掉,而是把它从链表中分离开来,只要撤销原来的链接关系即可。

为了删除单向链表中的某个结点,首先要找到待删除的结点的前趋结点(即当前要删除结点的前面一个结点),然后将前趋结点的指针域去指向待删除结点的后继结点(即当前要删除结点的下一个结点),最后释放被删除结点所占的存储空间即可。

## 1.15.3　实验内容

1.下列给定程序中已建立一个带头结点的单向链表,链表中的各结点按结点数据域中的数据递增有序链接。函数 fun 的功能是:把形参 x 的值放入一个新结点并插入链表中,使插入后各结点数据域中的数据仍保持递增有序。

【要求】

(1) 在下划线处填入正确的内容并将下划线删除,使程序得出正确的结果。

(2) 不得增行或删行,也不得更改程序的结构。

(3) 源程序以 ex15_1.c 为文件名保存。

给定源程序如下:

```
#include <stdio.h>
#include <stdlib.h>
#define N 8
typedef struct list
```

```
{   int data;
    struct list * next;
}SLIST;
void fun(SLIST  * h,int x)
{
    SLIST  * p, * q, * s;
    s=(SLIST  * )malloc(sizeof(SLIST));
    s−>data=  【1】  ;
    q=h;
    p=h−>next;
    while(p!  =NULL && x>p−>data)
    {
    q=  【2】  ;
    p=p−>next;
    }
    s−>next=p;
    q−>next=  【3】  ;
    }
    SLIST  * creatlist(int  * a)
    {
        SLIST  * h, * p, * q; int i;
        h=p=(SLIST  * )malloc(sizeof(SLIST));
        for(i=0;i<N;i++)
        {
            q=(SLIST  * )malloc(sizeof(SLIST));
            q−>data=a[i];   p−>next=q;p=q;
        }
            p−>next=0;
            return h;
}
void outlist(SLIST  * h)
{
    SLIST  * p;
    p=h−>next;
    if (p==NULL) printf("\nThe list is NULL! \n");
    else
    {
        printf("\nHead");
        do
```

```c
        {
            printf("->%d",p->data);  p=p->next;
        } while(p! =NULL);
        printf("->End\n");
    }
}
void  main()
{
    SLIST  * head; int  x;
    int a[N]={11,12,15,18,19,22,25,29};
    head=creatlist(a);
    printf("\nThe list before inserting:\n");
    outlist(head);
    printf("\nEnter a number:");
    scanf("%d",&x);
    fun(head,x);
    printf("\nThe list after inserting:\n");
    outlist(head);
}
```

2. 下列给定程序中已建立了一个带头结点的单向链表,链表中的各结点按数据域递增有序链接。函数 fun 的功能是:删除链表中数据域值相同的结点,使之只保留一个。

**【要求】**

(1) 在下划线处填入正确的内容并将下划线删除,使程序得出正确的结果。

(2) 不得增行或删行,也不得更改程序的结构。

(3) 源程序以 ex15_2.c 为文件名保存。

给定源程序如下:

```c
#include <stdio. h>
#include<stdlib. h>
#define N 8
typedef struct list
{  int data;
    struct list * next;
}SLIST;
void  fun(SLIST * h)
{
    SLIST  * p, * q;
    p=h->next;
    if (p! =NULL)
    {
```

```
        q=p->next;
          while(q! =NULL)
          {
              if (p->data==q->data)
              {
                  p->next=q->next;
                  free(__【1】__);
                  q=p->__【2】__;
              }
              else
              {
                  p=q;
                  q=q->__【3】__;
              }
          }
      }
}
SLIST * creatlist(int * a)
{
    SLIST * h, * p, * q; int  i;
    h=p=(SLIST * )malloc(sizeof(SLIST));
    for(i=0; i<N; i++)
    {
        q=(SLIST * )malloc(sizeof(SLIST));
        q->data=a[i]; p->next=q; p=q;
    }
    p->next=0;
    return h;
}
void outlist(SLIST * h)
{
    SLIST * p;
    p=h->next;
    if (p==NULL) printf("\nThe list is NULL! \n");
    else
    {
        printf("\nHead");
        do
        {
```

```
                printf("->%d",p->data);
                p=p->next;
          } while(p! =NULL);
          printf("->End\n");
      }
}
void   main()
{
      SLIST  * head;
      int a[N]={1,2,2,3,4,4,4,5};
      head=creatlist(a);
      printf("\nThe list before deleting :\n");
      outlist(head);
      fun(head);
      printf("\nThe list after deleting :\n");
      outlist(head);
}
```

3. 请编写函数 fun(),输入学生的学号,如果链表中存在该学生,则输出该学生的成绩,否则提示"输入有误"。设 N 名学生的成绩已放入一个带头结点的链表结构中,h 指向链表的头结点。

【要求】
(1) 不要改动主函数 main 和其他函数中的任何内容,仅在函数 fun 中填入若干语句。
(2) 源程序以 ex15_3. c 为文件名保存。

给定源程序如下:

```
# include <stdio. h>
# include <stdlib. h>
# define   N 8
typedef   struct stu
{   char sno[10];   //学号 10 位
    double score;   //成绩
}STDINFO;
typedef struct list
{
    STDINFO data;
    struct list * next;
} STREC;
double fun(STREC * h,char no[10])
{
    //请补充函数
```

```
}
STREC * creatlist(STDINFO * a)
{
    STREC  * h, * p, * q; int  i;
    h=p=(STREC * )malloc(sizeof(STREC));
    for(i=0; i<N; i++)
    {
        q=(STREC * )malloc(sizeof(STREC));
        q->data=a[i];  p->next=q;  p=q;
    }
    p->next=0;
    return h;
}
void outlist(STREC * h)
{
    STREC * p;
    p=h->next;
    if (p==NULL) printf("\nThe list is NULL! \n");
    else
    {
        do
        {
            printf("%s  %. 1f\n",p->data. sno,p->data. score);
            p=p->next;
        } while(p! =NULL);
        printf("->End\n");
    }
}
void  main()
{
    STREC * head; char sno[10];
    double score;
    STDINFO a[N]={"10100001",82, "10100002",75,"10100003",66,
                  "10100004",61, "10100005",88,"10100006",90,
                  "10100007",77,"10100008",43};
    head=creatlist(a);
    printf("\nstudents information:\n");
    outlist(head);
    printf("input the student number:\n");
```

```
        scanf("%s",sno);
        score=fun(head,sno);
        if (score>=0)
            printf("\nsno is %s,score is:%.1f\n",sno,score);
        else
            printf("\nsno is not exists here\n");
}
```

4. 下列给定程序中已建立了一个带头结点的单向链表,在 main 函数中将多次调用 fun 函数,每调用一次,输出链表尾部结点中的数据,并释放该结点,使链表缩短。

**【要求】**

(1) 在下划线处填入正确的内容并将下划线删除,使程序得出正确的结果。

(2) 不得增行或删行,也不得更改程序的结构。

(3) 源程序以 ex15_4.c 为文件名保存。

给定源程序如下:

```
#include <stdio.h>
#include <stdlib.h>
#define N 8
typedef struct list
{    int data;
     struct list * next;
}SLIST;
void fun(SLIST  * p)
{

    //请补充函数
}
SLIST * creatlist(int  * a)
{
    SLIST * h, * p, * q; int i;
    h=p=(SLIST  * )malloc(sizeof(SLIST));
    for(i=0;i<N;i++)
    {
        q=(SLIST  * )malloc(sizeof(SLIST));
        q->data=a[i];   p->next=q;   p=q;
    }
    p->next=0;
    return h;
}
void outlist(SLIST  * h)
{
```

```
    SLIST *p;
    p=h->next;
    if (p==NULL) printf("\nThe list is NULL! \n");
    else
    {
        printf("\nHead");
        do
        {
            printf("->%d",p->data);
            p=p->next;
        } while(p! =NULL);
        printf("->End\n");
    }
}
void   main()
{
    SLIST *head;
    int a[N]={11,12,15,18,19,22,25,29};
    head=creatlist(a);
    printf("\nOutput from head:\n");
    outlist(head);
    printf("\nOutput from tail:\n");
    while (head->next! = NULL)
    {
        fun(head);
        printf("\n\n");
        printf("\nOutput from head again :\n");
        outlist(head);
    }
}
```

5. 下列给定程序中已建立了一个带头结点的单向链表,h 指向链表的头结点。编写函数 fun(),重建该链表,将链表中的数据按升序重新排序。

**【要求】**

(1) 不要改动主函数 main 和其他函数中的任何内容,仅在函数 fun 中填入若干语句。

(2) 源程序以 ex15_5. c 为文件名保存。

给定源程序如下:

```
#include <stdio. h>
#define N 16
typedef struct list
```

```c
{    int s;
     struct list * next;
}STREC;
STREC * fun(STREC * h )
{
    //请补充函数
}
STREC * creatlist(int * a)
{
    STREC * h, * p, * q; int i;
    h=p=(STREC * )malloc(sizeof(STREC));
    for(i=0;i<N;i++)
    {
        q=(STREC * )malloc(sizeof(STREC));
        q->s=a[i];   p->next=q;   p=q;
    }
    p->next=0;
    return h;
}
void outlist(STREC * h)
{
    STREC * p;
    p=h->next;
    if (p==NULL) printf("\nThe list is NULL! \n");
    else
    {
        printf("\nHead");
        do
    {
        printf("->%d",p->s);
        p=p->next;
    } while(p! =NULL);
    printf("->End\n");
    }
}
void   main()
{
    int s[N]={ 85,76,69,85,91,72,64,87,85,91,64,91,66,64,64,72};
    STREC * head ;
```

```
        head=creatlist(s);
        printf("before sorted:\n");
        outlist(head);
        head=fun(head);
        printf("The data after sorted:\n");
        outlist(head);
}
```

6. 使用函数建立一个动态单向链表，并对链表进行显示、插入和删除操作。设结点数据包含学号和成绩两项，具体数据由自己指定。

**【要求】**

（1）建立一个具有三个结点的动态单向链表。

（2）将动态单向链表中存放学生的数据显示在屏幕上。

（3）在动态单向链链表中插入一个结点。

（4）在动态链表中删除指定的结点。

（5）设计主函数来分别调用上述函数。

（6）源程序以 ex15_6.c 为文件名保存，并分析运行结果。

**【程序设计提示】**

（1）建立一个动态单向链表。

先开辟一个新的结点，使指针 p1 指向该结点，并输入该结点的数据（学号和成绩）。本例约定学号不会为零，如果输入的学号为 0，则表示建立链表的过程完成，该结点不应连接到链表中。

① 如果输入的 p1->num 不等于 0，则输入的是第一个结点数据（n=1），令 head=p1，即把 p1 的值赋给 head，也就是使 head 也指向新开辟的结点 p1 所指向的新开辟的结点就成为链表中第一个结点。

② 再开辟另一个结点并使 p1 指向它，接着输入该结点的数据，并将第一个结点的指针域指向第二个结点，指针 p2 也指向它。

③ 再开辟一个结点并使 p1 指向它，并输入该结点的数据，并将第二个结点的指针域指向第三个结点，指针 p2 也指向它。

④ 再开辟一个新结点，并使 p1 指向它，输入该结点的数据。由于 p1->num 的值为 0，不再执行循环，此新结点不应被连接到链表中。

程序代码设计如下：

```
#include <stdio.h>
#include <malloc.h>        //包含内存动态分配空间的库函数
#define NULL 0             //NULL 代表 0，用它表示空地址
#define LEN sizeof(struct student) //LEN 代表结构体 student 的长度
struct student             //定义结构体 student 类型
{       long num;
        float score;
        struct student *next;
```

```
    };
    int n;                          //n 为全局变量,本文件模块中各函数均可使用它
    struct student * creat()        //定义函数返回一个指向链表表头的指针
    {
        struct student * head; * p1, * p2;
        n=0;
        p1=p2=(struct student * ) malloc(LEN);   //开辟第一个新结点
        scanf("%ld,%f",&p1->num,&p1->score);
        head=NULL;
        while(p1->num! =0)
        {
            n=n+1;
            if(n==1)  head=p1;
            else p2->next=p1;
            p2=p1;
        p1=(struct student * )malloc(LEN); //开辟一个新的结点
            scanf("%ld,%f",&p1->num,&p1->score);//输入结点数据
        }
        p2->next=NULL;
        return(head);     //返回链表的头指针
    }
```

(2) 将动态单向链表中存放学生的数据显示在屏幕上。

先定义一个指向结构体 student 的指针 p,并使得它指向链表的第一个结点,然后通过一个循环输出链表中结点的数据域,直到 p 为空时结束。

程序代码设计如下:

```
#include <stdio. h>
#include <malloc. h>             //包含内存动态分配空间的库函数
struct student                    //定义结构体 student 类型
{   long num;
    float score;
    struct student * next;
};
int n;
void print(structstudent * head)
{
    struct student * p;           //定义指向结构体 student 类型的指针变量
    printf("\nNow, These %d records are:\n",n);
    p=head;                       //p 指向头结点
    if (head! =NULL)
```

```
    do
    {
        printf("%ld %5.1f\n",p->num,p->score);//输出结点中的数据
        p=p->next;      //指针 p 指向下一个结点
    }while(p! =NULL);
}
```

（3）在动态单向链表中插入一个结点。

① 先用指针变量 p0 指向待插入的结点，p1 指向第一个结点。

② 将 p0->num 与 p1->num 相比较，如果 p0->num>p1->num，则待插入的结点不应插在 p1 所指的结点之前，此时将 p1 后移，并使 p2 指向刚才 p1 所指的结点。

③ 再将 p1->num 与 p0->num 比，如果仍然是 p0->num 大，则应使 p1 继续后移，直到 p0->p1->num 为止。

这时将 p0 所指的结点插到 p1 所指结点之前。但是如果 p1 所指的已是表尾结点，则 p1 就不应后移。如果 p0->num 比所有结点的 num 都大，则应将 p0 所指的结点插到链表末尾。

如果插入的位置既不在第一个结点之前，又不在表尾结点之后，则将 p0 的值赋给 p2->next，使 p2->next 指向待插入的结点，然后将 p1 的值赋给 p0->next，使得 p0->next 指向 p1 指向的变量。

函数设计

```
struct student * insert(struct student * head,struct student * stud)
{
    struct student * p0,* p1,* p2;      //定义指针变量 p0、p1、p2
    p1=head;                            //p1 指向第一个结点
    p0=stud;                            //p0 指向要插入的结点
    if(head==NULL)                      //头指针为空，插入链表的第一个结点
    {   head=p0;
        p0->next=NULL;
    }
    else                                //查找插入结点的位置
    {
        while((p0->num>p1->num) && (p1->next! =NULL))
        {
            p2=p1;
            p1=p1->next;                //指针 p1 后移
        }
        if(p0->num<=p1->num)
        {
            if(head==p1) head=p0;       //在第一个结点之前插入
            else p2->next=p0;           //在链表中插入结点
```

```
                p0->next=p1;
            }
        else
            {
                p1->next=p0;              //结点插入在链表末尾
                p0->next=NULL;
            }
        }
    n=n+1;
    return(head);                      //返回链表的头指针
}
```

（4）在动态链表中删除指定的结点。

从 p1 指向的第一个结点开始，检查该结点中的 num 值是否等于输入的要求删除的那个学号。如果相等就将该结点删除，如果不相等，就将 p1 后移一个结点，再如此进行下去，直到遇到表尾为止。

① 设两个指针变量 p1 和 p2，先使 p1 指向第一个结点。如果要删除的不是第一个结点，则使 p1 后移指向下一个结点（将 p1->next 赋给 p1），在此之前应将 p1 的值赋给 p2，使 p2 指向刚才检查过的那个结点。

② 如果要删除的是第一个结点（p1 的值等于 head 的值），则应将 p1->next 赋给 head。这时 head 指向原来的第二个结点。第一个结点虽然仍存在，但它已与链表脱离，因为链表中没有一个结点或头指针指向它。虽然 p1 还指向它，它仍指向第二个结点，但仍无济于事，现在链表的第一个结点是原来的第二个结点，原来第一个结点已"丢失"，即不再是链表中的一部分。

③ 如果要删除的不是第一个结点，则将 p1->next 赋给 p2->next。p2->next 原来指向 p1 指向的结点，现在 p2->next 改为指向 p1->next 所指向的结点。p1 所指向的结点不再是链表的一部分。

另外，还需要考虑链表是空表（无结点）和链表中找不到要删除的结点的情况。

函数设计如下：

```
struct student * del(struct student * head,long num)
{
    struct student * p1, * p2;
    if (head==NULL)   //判断链表是否为空
    {
        printf("链表为空! \n");
        goto end;
    }
    p1=head;              //p1 指向第一个结点
    while(num! =p1->num && p1->next! =NULL) //查找删除结点的位置
    {
```

```
            p2=p1;
            p1=p1->next;
        }
    if (num==p1->num)   //找到要删除的结点时,删除结该结点
        {
                if(p1==head) head=p1->next;
                else p2->next=p1->next;
                printf("删除:%ld\n",num);
                n=n-1;
        }
    else printf("%ld 没有找到! \n",num);
    end;
    return(head);          //返回链表的头指针
}
```

调用上述建立链表、在链表删除结点和插入结点、显示链表中数据的主函数:

```
#include <stdio.h>
void main()
{
    struct student * head,stu;      //结构体变量 stu 为插入结点
    long del_num;                   //del_num 为要删除结点的学号
    head=creat();                   //创建链表,head 为头指针
    print(head);                    //输出链表
    printf("请输入要删除结点的学号:");
    scanf("%ld",&del_num);
    head=del(head,del_num);         //删除结点
    print(head);                    //输出删除结点后的链表
    printf("请输入要插入结点的学号:");
    printf("请输入要插入结点的数据:");
    scanf("%ld",&stu.num,&stu.score);//输入要插入的结点数据
    head=insert(head,&stu);         //插入结点
    print(head);                    //输出插入结点后的链表
}
```

# 1.16 文件及其应用

## 1.16.1 实验目的

1. 掌握文件、缓冲文件系统、文件指针的概念。
2. 学会使用文件的打开、关闭、读、写等文件操作函数。
3. 学会用缓冲文件系统对文件进行基本操作。

4.掌握顺序文件和随机文件的概念和操作方法。

## 1.16.2　相关知识点

在 C 语言中所有对文件的操作都是通过库函数来完成的,所以重点是学会使用有关文件操作的库函数。

**1. 文件的概念、类型与读写**

(1) 文件的概念。

存储在外部介质上的数据集合称为"文件"。

(2) 文件的类型。

在程序设计中,主要用到两种类型的文件:程序文件和数据文件。程序文件的内容是程序代码,而数据文件的内容则是程序运行时用到的数据。

C 语言程序把文件分为 ASCII 文件和二进制文件。ASCII 文件又称文本文件,每一个字节存放一个字符的 ASCII 码,便于对字符进行逐个处理,但一般占用存储空间较多;二进制文件中的数据在内存中是以二进制形式存储的,占用存储空间较少。

(3) 文件的读写。

在程序中,当调用输入函数从文件中输入数据赋给程序中的变量时,这种操作称为"输入"或"读";当调用输出函数把程序中的变量的值输出到文件中时,这种操作称为"输出"或"写"。

**2. 文件指针**

在 C 语言中用一个指针变量指向一个文件,这个指针称为文件指针,通过文件指针就可对它所指的文件进行各种操作。

定义文件指针的一般形式:

FILE ＊指针变量名;

其中:FILE 应为大写,它实际上是由系统定义的一个结构,该结构中含有文件名、文件状态和文件当前位置等信息,在编写源程序时不必关心 FILE 结构的细节。

例如:

FILE ＊fp;

表示 fp 是指向 FILE 结构的指针变量,通过 fp 即可找到存放某个文件信息的结构变量,然后按结构变量提供的信息找到该文件,并实施对该文件操作。习惯上笼统地把 fp 称为指向一个文件的指针。

**3. 文件操作**

(1) 文件的打开。

文件的打开使用 fopen 函数,其调用的一般形式:

文件指针名＝fopen(文件名,使用文件方式);

其中:"文件指针名"必须是被说明为 FILE 类型的指针变量;"文件名"是被打开文件的数据文件名,是字符串常量或字符串数组;"使用文件方式"是指文件的类型和操作要求。

(2) 文件的关闭。

文件一旦使用完毕,应用关闭文件函数把文件关闭,以避免文件的数据丢失等错误。关闭文件则断开指针与文件之间的联系,也就禁止再对该文件进行操作。

文件的关闭是使用 fclose 函数,调用 fclose 函数的一般形式:

fclose(文件指针);

例如:

fclose(fp);

正常完成关闭文件操作时,fclose 函数返回值为 0。如果返回非零值,则表示有错误发生。

**4. 文件的读写**

(1) 读字符串函数 fgets。

函数的功能是从指定的文件中读一个字符串到字符数组中,函数调用的形式为:

fgets(字符数组名,n,文件指针);

其中的 n 是一个正整数。表示从文件中读出的字符串不超过 n−1 个字符。在读入的最后一个字符后加上字符串结束标志 '\0'。

例如:

fgets(str,n,fp);

其意义是从 fp 所指的文件中读出 n−1 个字符送入字符数组 str 中。

(2) 数据块读写。

C 语言还提供了用于整块数据的读写函数。可用来读写一组数据,如一个数组元素,一个结构变量的值等。

读数据块函数调用的一般形式为:

fread(buffer,size,count,fp);

写数据块函数调用的一般形式为:

fwrite(buffer,size,count,fp);

其中:buffer 是一个指针,在 fread 函数中,它表示存放输入数据的首地址。在 fwrite 函数中,它表示存放输出数据的首地址;size 表示数据块的字节数;count 表示要读写的数据块块数;fp 表示文件指针。

(3) 格式化读写。

fscanf 函数、fprintf 函数与前面使用的 scanf 和 printf 函数的功能相似,都是格式化读写函数。两者的区别在于 fscanf 函数和 fprintf 函数的读写对象不是键盘和显示器,而是磁盘文件。这两个函数的调用格式为:

fscanf(文件指针,格式字符串,输入表列);

fprintf(文件指针,格式字符串,输出表列);

## 1.16.3　实验内容

1.下列给定程序的功能是调用函数 fun 将指定源文件中的内容复制到指定的目标文件中,复制成功时函数返回 1,失败时返回 0。在复制的过程中,把复制的内容输出到屏幕。主函数中源文件名放在变量 sfname 中,目标文件名放在变量 tfname 中。

**【要求】**

(1) 在下划线处填入正确的内容并将下划线删除,使程序得出正确的结果。

(2) 不得增行或删行,也不得更改程序的结构。

(3) 源程序以 ex16_1. c 为文件名保存,并分析运行过程和结果。

给定源程序如下:

```c
#include <stdio. h>
#include <stdlib. h>
int fun(char * source,char * target)
{
    FILE   * fs, * ft; char  ch;
    if((fs=fopen(source,   【1】  ))==NULL)
        return 0;
    if((ft=fopen(target,"w"))==NULL)
        return 0;
    printf("\nThe data in file:\n");
    ch=fgetc(fs);
    while(! feof(  【2】  ))
    {
        putchar( ch );
        fputc(ch,  【3】  );
        ch=fgetc(fs);
    }
    fclose(fs);
    fclose(ft);
    printf("\n\n");
    return 1;
}
void   main()
{
    char sfname[20]="myfile1",tfname[20]="myfile2";
    FILE * myf; int i; char c;
    myf=fopen(sfname,"w");
    printf("\nThe original data:\n");
    for(i=1;i<30;i++)
    {
        c='A'+rand()%25;
        fprintf(myf,"%c",c);
        printf("%c",c);
    }
    fclose(myf);
    printf("\n\n");
    if (fun(sfname,tfname)) printf("Succeed!");
```

```
    else printf("Fail!");
}
```

2. 函数 fun 的功能是从文件中找出指定学号的学生数据,读入此学生数据,对该学生的分数进行修改,使每门课的分数加 3 分,修改后重写文件中学生的数据,即用该学生的新数据覆盖原数据,其他学生数据指定不变;若找不到,则不做任何操作。程序通过定义学生结构体变量,存储学生的学号、姓名和 3 门课的成绩,将所有学生数据均以二进制方式输出到 student. dat 文件中。

**【要求】**

(1) 在下划线处填入正确的内容并将下划线删除,使程序得出正确的结果。

(2) 不得增行或删行,也不得更改程序的结构。

(3) 源程序以 ex16_2. c 为文件名保存,并分析运行过程和结果。

给定源程序如下:

```c
#include <stdio.h>
#define N 5
typedef struct student
{   long sno;
    char name[10];
    float score[3];
} STU;
void fun(char * filename,long sno)
{
    FILE * fp;
    STU n; int i;
    fp=fopen(filename,"rb+");
    while (! feof(  【1】  ))
    {
        fread(&n, sizeof(STU),1,fp);
        if (n. sno  【2】  sno) break;
    }
    if (! feof(fp))
    {
        for (i=0; i<3; i++)
            n. score[i]+= 3;
        fseek(  【3】  ,-(long)sizeof(STU),SEEK_CUR);
        fwrite(&n, sizeof(STU),1,fp);
    }
    fclose(fp);
}
void  main()
```

```
    {
        STU t[N]={{10001,"MaChao",91,92,77},{10002,"CaoKai",75,60,88},
                  {10003,"LiSi",85,70,78},{10004,"FangFang",90,82,87},
                  {10005,"ZhangSan",95,80,88}},ss[N];
        int i,j;
        FILE * fp;
        fp = fopen("student. dat","wb");
        fwrite(t, sizeof(STU),N,fp);
        fclose(fp);
        printf("\nThe original data:\n");
        fp=fopen("student. dat","rb");
        fread(ss,sizeof(STU),N,fp);
        fclose(fp);
        for (j=0; j<N; j++)
        {
            printf("\nNo: %ld   Name: %-8s Scores:",ss[j]. sno,ss[j]. name);
            for (i=0; i<3; i++) printf("%6. 2f ",ss[j]. score[i]);
                printf("\n");
        }
        fun("student. dat",10003);
        fp=fopen("student. dat","rb");
        fread(ss,sizeof(STU),N,fp);
        fclose(fp);
        printf("\nThe data after modifing:\n");
        for (j=0; j<N; j++)
        {
            printf("\nNo: %ld Name: %-8s Scores:",ss[j]. sno,ss[j]. name);
            for (i=0; i<3; i++)   printf("%6. 2f",ss[j]. score[i]);
            printf("\n");
        }
    }
}
```

3. 下列给定程序的功能是从键盘输入若干行字符串（每行不超过 80 个字符），并写入文件 myfile3. txt 中，用－1 作为字符串输入结束的标志，然后将文件的内容显示在屏幕上。文件的读写分别由函数 ReadText 和 WriteText 实现。

**【要求】**

（1）在下划线处填入正确的内容并将下划线删除，使程序得出正确的结果。

（2）不得增行或删行，也不得更改程序的结构。

（3）源程序以 ex16_3. c 为文件名保存，并分析运行过程和结果。

给定源程序如下：

```
#include <stdio. h>
#include <string. h>
#include <stdlib. h>
void WriteText(FILE * );
void ReadText(FILE × );
void   main()
{
    FILE * fp;
    if((fp=fopen("myfile3. txt","w"))==NULL)
    {
        printf(" open fail!! \n"); exit(0);}
        writeText(fp);
        fclose(fp);
        if((fp=fopen("myfile3. txt","r"))==NULL)
    {
        printf("open fail!! \n"); exit(0); }
        ReadText(fp);
        fclose(fp);
    }
    void WriteText(FILE  【1】  )
    {
        char   str[81];
        printf("\nEnter string with −1 to end:\n");
        gets(str);
        while(strcmp(str,"−1")! =0)
    {
        fputs(  【2】  ,fw);
        puts("\n",fw);
        gets(str);
    }
}
void ReadText(FILE * fr)
{
    char   str[81];
    printf("\nRead file and output to screen:\n");
    fgets(str,81,fr);
    while( ! feof(fr) )
    {
        printf("%s",  【3】  );
```

```
        fgets(str,81,fr);
    }
}
```

4. 函数 fun 的功能是重写形参所指文件中最后一个学生的数据,即用新的学生数据覆盖该学生原来的数据,其他学生的数据不变。请完善程序功能,程序通过定义学生结构体变量,存储了学生的学号、姓名和 3 门课的成绩。所有学生数据均以二进制方式输出到文件中。

**【要求】**

(1) 不要改动主函数 main 和其他函数中的任何内容,仅在函数 fun 中填入若干语句。

(2) 源程序以 ex16_4.c 为文件名保存,并分析运行过程和结果。

给定源程序如下:

```c
#include <stdio.h>
#define N 5
typedef struct student
{   long sno;
    char name[10];
    float score[3];
} STU;
void fun(char * filename,STU n)
{
    //靖补充函数
}
void   main()
{
    STU t[N]={{10001,"MaChao",91,92,77},{10002,"CaoKai",75,60,88},
            {10003,"LiSi",85,70,78}, {10004,"FangFang",90,82,87},
            {10005,"ZhangSan",95,80,88}};
    STU   n={10006,"ZhaoSi",55,70,68},ss[N];
    int i,j;
    FILE   *fp;
    fp=fopen("student.dat","wb");
    fwrite(t,sizeof(STU),N,fp);
    fclose(fp);
    fp=fopen("student.dat","rb");
    fread(ss,sizeof(STU),N,fp);
    fclose(fp);
    printf("\nThe original data:\n\n");
    for (j=0; j<N; j++)
    {
```

```
        printf("\nNo：%ld   Name：%－8s Scores：",ss[j]. sno,ss[j]. name);
        for (i=0；i<3；i++)   printf("%6. 2f ",ss[j]. score[i]);
        printf("\n");
    }
    fun("student. dat",n);
    printf("\nThe data after modifing：\n\n");
    fp=fopen("student. dat","rb");
    fread(ss,sizeof(STU),N,fp);
    fclose(fp);
    for (j=0；j<N；j++)
    {
        printf("\nNo：%ld   Name：%－8s  Scores：",ss[j]. sno,ss[j]. name);
        for (i=0；i<3；i++)   printf("%6. 2f ",ss[j]. score[i]);
        printf("\n");
    }
}
```

5. 函数 fun 的功能是从第一个形参所指文件中读入所有歌手的数据,算出每个歌手的最后得分(=(总分－最高分－最低分)/8),再写入第二个形参所指向的文件中(定义了相应的结构体变量,存储了歌手的歌手编号、姓名和最后得分)。程序通过定义歌手结构体变量,存储了歌手的歌手编号、姓名和十个评委的评分。所有歌手数据均以二进制方式输出到文件中。

**【要求】**

(1) 不要改动主函数 main 和其他函数中的任何内容,仅在函数 fun 中填入若干语句。

(2) 源程序以 ex16_5. c 为文件名保存,并分析运行过程和结果。

给定源程序如下:

```
#include <stdio. h>
#define N 5
typedef structsinger
{   long   sno;
    char name[10];
    float score[10];
}SING;
typedef structlastscore
{   long   sno;
    char name[10];
    float score;
}LAST;
void fun(char   * filename1, char * filename2)
{
```

```
        //请补充函数
}
void   main()
{
        SING t[N]={{10001,"MaChao",91,92,77,88,90,76,93,88,70,66},
                   {10002,"CaoKai",75,60,88,67,89,92,70,80,99,79},
                   {10003,"LiSi",85,70,78,80,60,89,90,77,72,82},
                   {10004,"FangFang",90,82,87,66,73,86,82,76,85,93},
                   {10005,"ZhangSan",95,80,88,70,77,83,92,77,72,90}};
        STU n={10006,"ZhaoSi",55,70,68},ss[N];
        int i,j;
        FILE *fp;
        fp=fopen("in.dat","wb");
        fwrite(t,sizeof(SING),N,fp);
        fclose(fp);
        printf("\nThe original data:\n\n");
        for (j=0; j<N; j++)
        {
                printf("\nNo:%ld  Name:%-8s  Scores:   ",t[j].sno,t[j].name);
                for (i=0; i<10; i++) printf("%6.2f",t[j].score[i]);
                printf("\n");
        }
        fun("in.dat","out.dat");
        printf("\nThe data after modifing:\n\n");
        fp=fopen("out.dat","rb");
        fread(ss,sizeof(LAST),N,fp);
        fclose(fp);
        for (j=0; j<N; j++)
        {
        printf("\nNo:%ld  Name:%-8s  Scores:",ss[j].sno,ss[j].name);
        for (i=0; i<3; i++) printf("%6.2f",ss[j].score[i]);
        printf("\n");
        }
}
```

6. 一个班有 30 名学生,期末考试每人有 4 门课:数学、物理、英语、语文。从键盘上输入每位学生的数据(包括学号、姓名、4 门课成绩),计算出每个学生 4 门课程的平均分,将原有数据和计算出的平均分存放在文件中。请按要求编写程序,并上机调试。

【要求】

(1) 用结构体类型表示学生的基本信息,其中包括学号、姓名、4 门功课成绩(用数组形式表示)和平均分,全班学生的登记表以结构数组表示。

(2) 学生人数用宏定义表示,可以定义为 5 或 10(不一定必须为 30)。

(3) 在输入学生信息以及输入文件名之前,都要给出提示信息。

(4) 要测试能否打开指定文件。若不能打开该文件,则显示出错消息,并终止程序执行。打开的文件在使用完以后要关闭。

(5) 源程序以 ex16_6.c 为文件名保存,并分析运行结果。

**【程序设计提示】**

```
#include <stdio.h>
#include <stdlib.h>
#define N 30
struct student
{    char num[10];
     char name[9];
     float score[4];
     float aver;
}stu[N];
void main()
{
     int i,j; float sum;
     FILE *fp;
     for(i=0;i<N;i++)
     {
     printf("请输入第%d 个学生的信息:",i+1);
     scanf("%s%s",stu[i].num,stu[i].name);
     for(j=0;j<4;j++)
     {
          …   //输入 4 门课程的成绩
     }
     stu[i].aver=sum/4.0;
     }
     …   //以"wb"方式打开文件,并测试能否打开?
     for(i=0;i<N;i++)
          if (fwrite(&stu[i],sizeof(struct student),1,fp)! =1)
               printf("文件写错误\n");
     fclose(fp);
     …   //以"rb"方式打开文件,并测试能否打开?
     printf("学号　姓名　　数学　物理　英语　语文课　平均成绩\n");
     for(i=0;i<N;i++)
     {
```

```
        fread(&stu[i],sizeof(struct student),1,fp);
        printf("%12s%12s\n",stu[i]. num,stu[i]. name);
        for(j=0;j<4;j++)
            printf("%10. 1f",stu[i]. score[j]);
    printf("%10. 1f",stu[i]. aver);
    }
    fclose(fp);
}
```

# 第 2 部分　模拟实战篇

## 2.1　上机模拟题 1

### 2.1.1　完善程序

【题目】　已知函数 fun() 的功能是从数组 xx 中找出个位和百位数字相等的所有无符号整数,结果保存在数组 yy 中,其个数由函数 fun() 返回。数组 xx[N] 保存着一组 3 位数的无符号正整数,其元素的个数通过变量 num 传入函数 fun()。

例如:当 xx[8]={135,787,232,222,424,333,141,541} 时,bb[6]={787,232,222, 424,333,141}。

【要求】

(1) 根据给定的源程序,补充函数 fun(),使其实现要求的功能。

(2) 不要改动给定源程序中主函数 main 和其他函数中的任何内容,仅在函数 fun() 的横线上填入若干表达式或语句。

(3) 源程序以 mn011.c 为文件名存入 C:\C\MNST\01 文件夹。

给定源程序如下:

```
#include <stdio.h>
#include <conio.h>
#include <stdlib.h>
#define N 1000
int fun(int xx[],int bb[],int num)
{
    int i,n=0;
    int g,b;
    for(i=0;i<num;i++)
    {
        g=   【1】   ;
        b=xx[i]/100;
        if(g==b)
            【2】   ;
    }
    return   【3】   ;
}
void main()
{
```

```
int xx[8]={135,787,232,222,424,333,141,541};
int yy[N];
int num=0,n=0,i=0;
num=8;
system("CLS");
printf(" *** original data  *** \n");
for(i=0;i<num;i++)
    printf("%u ",xx[i]);
printf("\n\n\n");
n=fun(xx,yy,num);
printf("\nyy= ");
for(i=0;i<n;i++)
    printf("%u ",yy[i]);
}
```

## 2.1.2　调试程序

**【题目】**　已知给定程序中函数 fun() 的功能是计算 1/n! 的值。

例如：给 n 输入 5，则输出 0.008333。

**【要求】**

(1) 改正给定源程序中的错误，使它能得到正确结果。

(2) 不要改动 main 函数，不得增行或删行，也不得更改程序的结构。

(3) 源程序以 mn012.c 为文件名存入 C:\C\MNST\01 文件夹。

给定源程序如下：

```
#include <stdio.h>
#include <conio.h>
/ ***************** found ***************** /
int fun(int n)
{
    double result=1.0;
    if(n==0)
        return 1.0;
    while(n>1 && n<170)
/ **************** found *************** /
        result * =n++;
    result=l/result;
    return result;
}
void main()
{
```

```
    int n;
    printf("Input N:");
    scanf("%d",&n);
    printf("\n1/%d! =%lf\n",n,fun(n));
}
```

## 2.1.3　程序设计

**【题目】**　使用函数求 n 以内(不包括 n)同时能被 5 与 11 整除的所有自然数之和的平方根 s,并作为函数值返回。

例如:n 为 1000 时,函数值应为 s＝96.979379。

**【要求】**

(1) 编写函数 fun(),使其实现要求的功能。

(2) 不要改动给定源程序中主函数 main 和其他函数中的任何内容,仅在函数 fun 的花括号中填入若干语句。

(3) 源程序以 mn013.c 为文件名存入 C:\C\MNST\01 文件夹。

给定源程序如下:

```
#include <stdlib.h>
#include <conio.h>
#include <math.h>
#include <stdio.h>
double fun(int n)
{
    /* 在此添加程序代码 */
}
void main()
{
    system("CLS");
    printf("s=%f\n",fun(1000));
}
```

## 2.2　上机模拟题 2

### 2.2.1　完善程序

**【题目】**　给定程序的功能是求方程 $ax^2+bx+c=0$ 的两个实数根。方程的系数 a、b、c 从键盘输入,如果判别式($disc=b^2-4ac$)小于 0,则要求重新输入 a、b、c 的值。

例如,当 a＝1,b＝2,c＝1 时,方程的两个根分别是 x1＝－1.00, x2＝－1.00。

**【要求】**

(1) 根据给定的源程序,补充函数 main(),使其实现要求的功能。

(2) 仅在函数 main() 的横线上填入若干表达式或语句。

（3）源程序以 mn021. c 为文件名存入 C:\C\MNST\02 文件夹。

给定源程序如下：

```
#include <math. h>
#include <stdio. h>
#include <stdlib. h>
void main()
{
    float a,b,c, disc,x1,x2;
    system("CLS");
    do
    {
        printf("Input a,b,c:");
        scanf("%f,%f,%f",&a,&b,&c);
        disc=b*b-4*a*c;
        if(disc<0)
            printf("disc=%f\n Input again! \n",disc);
    }while(___【1】___);
    printf(" ******* the result ******* \n");
    x1=___【2】___;
    x2=___【3】___;
    printf("\nx1=%6.2f\nx2=%6.2f\n",x1,x2);
}
```

## 2.2.2 调试程序

【题目】 下列给定程序中,函数 fun()的功能是根据整型形参 m,计算如下公式的值。

$$y=1-1/(2\times2)+1/(3\times3)-1/(4\times4)+\cdots+(-1)(m+1)/(m\times m)$$

例如:m 中的值为 5,则应输出 0.838611。

【要求】

（1）改正给定源程序中的错误,使它能得到正确结果。

（2）不要改动 main 函数,不得增行或删行,也不得更改程序的结构。

（3）源程序以 mn022. c 为文件名存入 C:\C\MNST\02 文件夹。

给定源程序如下：

```
#include <stdlib. h>
#include <conio. h>
#include <stdio. h>
double fun(int m)
{
    double  y=1.0;
    / ***************** found ******************* /
```

```
        int j=1;
        int i;
        for(i=2;i<=m;i++)
        {
            j=-1 * j;
            / ************ found ***************** /
            y+=1/(i * i);
        }
        return(y);
    }
    void main()
    {
        int n=5;
        system("CLS");
        printf("\nThe result is %lf\n",fun(n));
    }
```

## 2.2.3　程序设计

**【题目】**　用一个函数 void fun(int tt[M][N],int pp[N]),tt 指向一个 M 行 N 列的二维数组,求出二维数组每列中最大元素,并依次放入 pp 所指的一维数组中。二维数组中的数已在主函数中给出。

**【要求】**

(1) 编写函数 fun(),使其实现要求的功能。

(2) 不要改动给定源程序中主函数 main 和其他函数中的任何内容,仅在函数 fun 的花括号中添加若干语句。

(3) 源程序以 mn023.c 为文件名存入 C:\C\MNST\02 文件夹。

给定源程序如下:

```
#include <stdlib.h>
#include <conio.h>
#include <stdio.h>
#define M 3
#define N 4
void fun(int tt[M][N],int pp[N])
{
    / * 在此添加程序代码 * /
}
void main()
{
    int t[M][N]={{68,32,54,12},{14,24,88,58},{42,22,44,56}};
```

```
    int p[N],i,j,k;
    system("CLS");
    printf("The riginal data is:\n");
    for(i=0;i<M;i++)
    {
        for(j=0;j<N;j++)
            printf("%6d",t[i][j]);
        printf("\n");
    }
    fun(t,p);
    printf("\nThe result is:\n");
    for(k=0;k<N;k++)
        printf("%4d",p[k]);
    printf("\n");
}
```

## 2.3　上机模拟题 3

### 2.3.1　完善程序

【题目】　已知 main 函数的功能是从键盘输入一个字符串并保存在字符串 str1 中,把字符串 str1 中下标为偶数的字符保存在字符串 str2 中并输出。

例如,当 str1="cdefghij",则 str2="cegi"。

【要求】

(1) 根据给定的源程序,补充函数 main(),使其实现要求的功能。

(2) 仅在函数 main()的横线上填入所编写的若干表达式或语句。

(3) 源程序以 mn031. c 为文件名存入 C:\C\MNST\03 文件夹。

给定源程序如下:

```
#include <stdlib.h>
#include <stdio.h>
#include <conio.h>
#define LEN 80
void main()
{
    char str1[LEN],str2[LEN];
    char *p1=str1,*p2=str2;
    int i=0,j=0;
    system("CLS");
    printf("Enter the string:\n");
    scanf( 【1】 );
```

```
printf(" *** the origial string *** \n");
while( * (p1+j))
{
    printf("  【2】  ", * (p1+j));
    j++;
}
for(i=0;i<j;i+=2)
    * p2++= * (str1+i);
* p2='\0';
printf("\nThe new string is:%s\n",  【3】  );
}
```

### 2.3.2  调试程序

【题目】  在主函数中从键盘输入若干个数放入数组中,用 0 结束输入并放在最后一个元素中。下列给定程序中,函数 fun()的功能是计算数组元素中值为负数的平均值(不包括 0)。

例如:数组中元素的值依次为 43,-47,-21,53,-8,12,0,则程序的运行结果为-25.333 333。

【要求】

(1) 改正给定源程序中的错误,使它能得到正确结果。

(2) 不要改动 main 函数,不得增行或删行,也不得更改程序的结构。

(3) 源程序以 mn032.c 为文件名存入 C:\C\MNST\03 文件夹。

给定源程序如下:

```
#include <stdlib.h>
#include <conio.h>
#include <stdio.h>
double fun(int x[])
{
    double sum=0.0;
    int c=0,i=0;
/ ***************** found ***************** /
    while(x[i]==0)
    {
        if(x[i]<0)
        {
            sum=sum+x[i];
            c++;
        }
        i++;
    }
```

```
/ ****************** found ****************** /
    sum=sum\c;
    return sum;
}
void main()
{
    int x[1000];
    int i=0;
    system("CLS");
    printf("\nPlease enter some data(end with 0):");
    do
    {
        scanf("%d",&x[i]);
    }while(x[i++]! =0);
    printf("%f\n",fun(x));
}
```

## 2.3.3　程序设计

【题目】　使用一个函数 int fun(int * s,int t,int * k),来求出数组的最小元素在数组中的下标并存放在 k 所指的存储单元中。

例如,输入如下整数:234,345,753,134,436,458,100,321,135,760。输出结果为 6,100。

【要求】

(1) 编写函数 fun(),使其实现要求的功能。

(2) 不要改动给定源程序中主函数 main 和其他函数中的任何内容,仅在函数 fun 的花括号中填入若干语句。

(3) 源程序以 mn033.c 为文件名存入 C:\C\MNST\03 文件夹。

给定源程序如下:

```
#include <stdlib.h>
#include <conio.h>
#include <stdio.h>
int fun(int * s,int t,int * k)
{
    / * 在此添加程序代码 * /
}
void main()
{
    int a[10]={234,345,753,134,436,458,100,321,135,760},k;
    system("CLS");
```

```
fun(a,10,&k);
printf("%d,%d\n",k,a[k]);
}
```

## 2.4 上机模拟题 4

### 2.4.1 完善程序

**【题目】** 已知程序的功能是把一个字符串中的所有小写字母字符全部转换成大写字母字符,其他字符不变,结果保存到原来的字符串中。

例如:当 str[N]="123 abcdef ABCDEF!",结果输出:"123 ABCDEF ABCDEF!"。

**【要求】**

(1) 根据给定的源程序,补充函数 main(),使其实现要求的功能。

(2) 仅主函数的横线上填入若干表达式或语句。

(3) 源程序以 mn041.c 为文件名存入 C:\C\MNST\04 文件夹。

给定源程序如下:

```
#include <stdio.h>
#include <stdlib.h>
#include <conio.h>
#define N 80
void main()
{
    int j;
    char str[N]="123abcdef ABCDEF!";
    char * pf=str;
    system("CLS");
    printf(" *** original string *** \n");
    puts(str);
    【1】 ;
    while( * (pf+j))
    {
        if( * (pf+j)>='a'&& * (pf+j)<='z')
        {
        * (pf+j)= 【2】 ;
        j++;
        }
        else
            【3】 ;
    }
    printf(" ****** new string ****** \n");
```

```
        puts(str);
        system("pause");
        }
```

## 2.4.2 调试程序

【题目】 下列给定程序中,函数 fun()的功能是逐个比较 a、b 两个字符串对应位置中的字符,把 ASCII 值小或相等的字符依次存放到数组 c 中,形成一个新的字符串。

例如:a 中的字符串为 fshADfg,b 中的字符串为 sdAEdi,则 c 中的字符串应为 fdAADf。

【要求】

(1) 改正给定源程序中的错误,使它能得到正确结果。

(2) 不要改动 main 函数,不得增行或删行,也不得更改程序的结构。

(3) 源程序以 mn042. c 为文件名存入 C:\C\MNST\04 文件夹。

给定源程序如下:

```c
#include <stdio. h>
#include <string. h>
void fun(char * p,char * q,char * c)
{
    int k=0;
    while( * p|| * q)
    / ***************** found ******************* /
    {
        if ( * p<= * q)
            c[k]= * q;
        else c[k]= * p;
        if( * p) p++;
        if( * q) q++;
        / *************** found ***************** /
        k++
    }
}
void main()
{
    char a[10]="fshADfg",b[10]="sdAEdi",c[80]={'\0'};
    fun(a,b,c);
    printf("The string a:"); puts(a);
    printf("The string b:"); puts(b);
    printf("The result :"); puts(c);
}
```

### 2.4.3　程序设计

**【题目】**　使用函数 fun()将两个两位数的正整数 a、b 合并形成一个整数放在 c 中。合并的方式是：将 a 数的十位和个位数依次放在 c 数的个位和十位上，b 数的十位和个位数依次放在 c 数的百位和千位上。

例如，当 a＝16，b＝35，调用该函数后，c＝5361。

**【要求】**

(1) 编写函数 fun()，使其实现要求的功能。

(2) 不要改动给定源程序中主函数 main 和其他函数中的任何内容，仅在函数 fun 的花括号中填入所编写的若干语句。

(3) 源程序以 mn043.c 为文件名存入 C:\C\MNST\04 文件夹。

给定源程序如下：

```
#include <stdlid.h>
#include <stdio.h>
void fun(int a,int b,long * c)
{

    /* 在此添加程序代码 */

}
void main()
{
    int a,b;
    long  c;
    system("CLS");
    printf("Input a,b:");
    scanf("%d%d",&a, &b);
    fun(a,b,&c);
    printf("The result is:%ld\n",c);

}
```

## 2.5　上机模拟题 5

### 2.5.1　完善程序

**【题目】**　已知函数 fun()的功能是把一个整数转换成字符串，并倒序保存在字符数组 str 中。

例如：当 n＝13572468 时，str＝"86427531"。

**【要求】**

(1) 根据给定的源程序，补充函数 fun()，使其实现要求的功能。

(2) 不要改动给定源程序中主函数 main 和其他函数中的任何内容，仅在函数 fun 的横线上填入若干表达式或语句。

（3）源程序以 mn051. c 为文件名存入 C:\C\MNST\05 文件夹。

给定源程序如下：

```
#include <stdlib. h>
#include <stdio. h>
#include <conio. h>
#define N 80
char str[N];
void fun(long int n)
{
    int i=0;
    while(   【1】   )
    {
    str[i]=【2】;
    n/=10;
    i++;
    }
     【3】  ;
}
void main()
{
    long int n=13572468;
    system("CLS");
    printf(" *** the origial data *** \n");
    printf("n=%ld",n);
    fun(n);
    printf("\n%s",str);
}
```

## 2.5.2　调试程序

【题目】　下列给定程序中，函数 fun 的功能是按以下递归公式求函数值。

$$Fun(n)=\begin{cases} 15 & n=1 \\ Fun(n-1)\times 2 & n>1 \end{cases}$$

例如：当给 n 输入 5 时，函数值为 240；当给 n 输入 3 时，函数值为 60。

【要求】

（1）改正给定源程序中的错误，使它能得到正确结果。

（2）不要改动 main 函数，不得增行或删行，也不得更改程序的结构。

（3）源程序以 mn052. c 为文件名存入 C:\C\MNST\05 文件夹。

给定源程序如下：

```
#include <stdio. h>
```

```
/ **************** found **************** /
fun(int n);
{
    int c;
    / *************** found *************** /
    if(n==1)
        c=15;
    else
        c=fun(n-1) * 2;
    return(c);
}
void main()
{
    int n;
    printf("Enter n:");
    scanf("%d",&n);
    printf("The result:%d\n\n",fun(n));
}
```

### 2.5.3　程序设计

**【题目】**　编写函数 fun(),对长度为 7 个字符的字符串,除首、尾字符外,将其余 5 个字符按 ASCII 码值升序排列。

例如,运行程序后输入:字符串为 Bdsihad,则排序后输出应为 Badhisd。

**【要求】**

(1) 编写函数 fun(),使其实现要求的功能。

(2) 不要改动给定源程序中主函数 main 和其他函数中的任何内容,仅在函数 fun 的花括号中填入若干语句。

(3) 源程序以 mn053.c 为文件名存入 C:\C\MNST\05 文件夹。

给定源程序如下:

```
#include <string. h>
#include <stdlib. h>
#include <stdio. h>
#include <ctype. h>
#include <conio. h>
void fun(char * s,int num)
{
    / * 在此添加程序代码 * /
}
void main()
```

```
{
    char s[10];
    system("CLS");
    printf("输入 7 个字符的字符串:");
    gets(s);
    fun(s,7);
    printf("\n%s",s);
}
```

## 2.6　上机模拟题 6

### 2.6.1　完善程序

**【题目】**已知函数 fun()的功能是计算 N×N 维矩阵元素的方差,结果由函数返回。维数 N 在主函数中输入。

例如:$a = \begin{vmatrix} 46 & 30 & 32 \\ 40 & 6 & 17 \\ 45 & 15 & 48 \end{vmatrix}$ 的计算结果是 14.414,求方差的公式为:$S = \sqrt{\dfrac{1}{n}\sum_{k=1}^{n}(X_k - X')^2}$ 其中 $X' = \dfrac{1}{n}\sum_{k=1}^{n}X_k$

**【要求】**

(1) 根据给定的源程序,补充函数 fun(),使其实现要求的功能。

(2) 不要改动给定源程序中主函数 main 和其他函数中的任何内容,仅在函数 fun 的横线上填入若干表达式或语句。

(3) 源程序以 mn061.c 为文件名存入 C:\C\MNST\06 文件夹。

给定源程序如下:

```
#include<stdio.h>
#include<conio.h>
#include<stdlib.h>
#include<math.h>
#define N 20
double fun(____【1】____,int n)
{
    int i,j;
    double s=0.0;
    double f=0.0;
    double aver=0.0;
    double sd=0.0;
    for(i=0;i<n;i++)
        for(j=0;j<n;j++)
```

```
                        s+=a[i][j];
            aver=  【2】  ;
            for(i=0;i<n;i++)
                    for(j=0;j<n;j++)
                    f+=(a[i][j]-aver)*(a[i][j]-aver);
            f/=(n*n);
            sd=  【3】  ;
            return sd;
    }
    void main()
    {
            int a[N][N];
            int n;
            int i,j;
            double s;
            system("CLS");
            printf(" ***  Input the dimension of array N *** \n");
            scanf("%d",&n);
            printf(" ***  The array  *** \n");
            for(i=0;i<n;i++)
            {
                    for(j=0;j<n;j++)
                    {
                            a[i][j]=rand()%50;
                            while(a[i][j]==0)
                                    a[i][j]=rand()%60;
                            printf("%4d",a[i][j]);
                    }
                    printf("\n\n");
            }
            s=fun(a,n);
            printf(" ***  THE RESULT  *** \n");
            printf(" %4.3f\n",s);
    }
```

## 2.6.2　调试程序

**【题目】**下列给定程序中,函数 fun()的功能是将字符串 s 中位于偶数位置的字符或 ASCII 码为奇数的字符放入字符串 t 中(规定第一个字符放在第 0 位中)。

例如:字符串中的数据为 ADFESHDI,则输出应当是 AFESDI。

【要求】

（1）改正给定源程序中的错误，使它能得到正确结果。

（2）不要改动 main 函数，不得增行或删行，也不得更改程序的结构。

（3）源程序以 mn062.c 为文件名存入 C:\C\MNST\06 文件夹。

给定源程序如下：

```c
# include <stdlib. h>
# include <conio. h>
# include <stdio. h>
# include <string. h>
# define N 80
/ ****************** found ****************** /
void fun(char s,char t[ ])
{
    int i,j=0;
    for(i=0; i<strlen(s);i++)
    / *************** found ****************** /
        if(i%2=0||s[i]%2! =0)
            t[j++]=s[i] ;
    t[j]='\0';
}
void main()
{
    char s[N],t[N];
    system("CLS");
    printf("\nPlease enter string s:");
    gets(s);
    fun(s,t);
    printf("\nThe result is:%s\n",t);
}
```

### 2.6.3　程序设计

【题目】编写一个函数 fun()，它的功能是计算并输出给定整数 n 的所有因子（不包括 1 与自身）的平方和（规定 n 的值不大于 100）。

例如：主函数从键盘输入 n 的值为 56，则输出为 sum=1113。

【要求】

（1）编写函数 fun()，使其实现要求的功能。

（2）不要改动给定源程序中主函数 main 和其他函数中的任何内容，仅在函数 fun 的花括号中填入若干语句。

（3）源程序以 mn063.c 为文件名存入 C:\C\MNST\06 文件夹。

给定源程序如下：

```
#include <stdio.h>
long fun(int n)
{
    / * 在此添加程序代码 * /
}
void main()
{
    int n;
    long sum;
    printf("Input n:");
    scanf("%d",&n);
    sum=fun(n);
    printf("sum=%ld\n",sum);
}
```

## 2.7　上机模拟题 7

### 2.7.1　完善程序

**【题目】**已知函数 fun()的功能是把从主函数中输入的字符串 str2 倒置后接在字符串 str1 后面。

例如：str1="How do",str2="? od uoy",结果输出："How do you do?"。

**【要求】**

(1)根据给定的源程序，补充函数 fun()，使其实现要求的功能。

(2)不要改动给定源程序中主函数 main 和其他函数中的任何内容，仅在函数 fun 的横线上填入若干表达式或语句。

(3)源程序以 mn071.c 为文件名存入 C:\C\MNST\07 文件夹。

给定源程序如下：

```
#include <stdlib.h>
#include <stdio.h>
#include <conio.h>
#define N 40
void fun(char * str1,char * str2)
{
    int i=0,j=0,k=0,n;
    char ch;
    char * p1=str1;
    char * p2=str2;
    while( * (p1+i))
```

```
            i++;
        while( *(p2+j))
            j++;
        n=   【1】   ;
        for(;k<=j/2;k++,j--)
        {
            ch= *(p2+k);
            *(p2+k)= *(p2+j);
            *(p2+j)=ch;
        }
          【2】   ;
        for(;  【3】  ;i++)
            *(p1+i)= *p2++;
            *(p1+i)='\0';
}
void main()
{
    char str1[N],str2[N];
    system("CLS");
    printf(" *** Input the string str1 & str2 *** \n");
    printf("\nstr1:");
    gets(str1);
    printf("\nstr2:");
    gets(str2);
    printf(" *** The string str1 & str2 *** \n");
    puts(str1);
    puts(str2);
    fun(str1,str2);
    printf(" *** The new string *** \n");
    puts(str1);
}
```

### 2.7.2   调试程序

**【题目】**下列给定程序中,函数 fun()的功能是找出 100～n(不大于 1000)之间百位数字加十位数字等于个位数字的所有整数,把这些整数放在 s 所指的数组中,个数作为函数值返回。

**【要求】**

(1) 改正给定源程序中的错误,使它能得到正确结果。

(2) 不要改动 main 函数,不得增行或删行,也不得更改程序的结构。

(3) 源程序以 mn072. c 为文件名存入 C:\C\MNST\07 文件夹。

给定源程序如下：

```c
#include <stdio. h>
#define N 100
int fun(int * s,int n)
{
    int i,j,k,a,b,c;
    j=0;
    for(i=100; i<n; i++)
    {
        / ***************** found ***************** /
        k=n;
        a=k%10;
        k/=10;
        b=k%10;
        c=k/10;
        if(a==b+c)
        / *************** found **************** /
        s[j]=i;
    }
    return j;
}
void main()
{
    int a[N],n,num=0,i;
    do
    {
        printf("\nEnter n(<=1000):");
        scanf("%d",&n);
    } while(n>1000);
    num=fun(a,n);
    printf("\n\nThe result:\n");
    for(i=0; i<num; i++)
        printf("%5d",a[i]);
    printf("\n\n");
}
```

## 2.7.3　程序设计

【题目】编写函数 fun(int a[][N],int n)，该函数的功能是使数组左下半三角元素中的值加上 n。程序定义了 N×N 的二维数组,并在主函数中自动赋值。

例如:若 n 的值为 3,a 数组中的值为:

$$
\begin{matrix}
2 & 5 & 4 \\
1 & 6 & 9 \\
5 & 3 & 7
\end{matrix}
$$

则返回主程序后 a 数组中的值应为:

$$
\begin{matrix}
5 & 5 & 4 \\
4 & 9 & 9 \\
8 & 6 & 10
\end{matrix}
$$

**【要求】**

(1) 编写函数 fun(),使其实现要求的功能。

(2) 不要改动给定源程序中主函数 main 和其他函数中的任何内容,仅在函数 fun 的花括号中填入若干语句。

(3) 源程序以 mn073.c 为文件名存入 C:\C\MNST\07 文件夹。

给定源程序如下:

```c
#include <time.h>
#include <stdio.h>
#include <conio.h>
#include <stdlib.h>
#define N 5
fun(int a[][N],int n)
{
    /* 在此添加程序代码 */
}
void main()
{
int a[N][N],n,i,j;
system("CLS");
printf(" *****  The array  ***** \n");
for(i=0; i<N; i++)                  /* 产生一个随机 5 * 5 矩阵 */
    {
        for(j=0; j<N; j++)
        {
            a[i][j]=rand()%10;
            printf("%4d",a[i][j]);
        }
        printf("\n");
    }
do
```

```
{
    n=rand()%10;                    /*产生一个小于 5 的随机数 n*/
}while(n>=5);
printf("n=%4d\n",n);
fun(a,n);
printf(" ***** THE RESULT ***** \n");
for(i=0; i<N; i++)
{
    for (j=0; j<N; j++)
        printf("%4d",a[i][j]);
        printf("\n");
}
}
```

## 2.8 上机模拟题 8

### 2.8.1 完善程序

【题目】已知函数 fun()的功能是按 0 到 9 统计一个字符串中的奇数数字字符各自出现的次数,结果保存在数组 num 中。注意:不能使用字符串库函数。

例如:输入"x=112385713.456+0.909*bc",结果为:1=3,3=2,5=2,7=1,9=2。

【要求】

(1) 根据给定的源程序,补充函数 fun(),使其实现要求的功能。

(2) 不要改动给定源程序中主函数 main 和其他函数中的任何内容,仅在函数 fun 的横线上填入若干表达式或语句。

(3) 源程序以 mn081.c 为文件名存入 C:\C\MNST\08 文件夹。

给定源程序如下:

```
#include<stdlib. h>
#include<stdio. h>
#define N 1000
void fun(char * tt,int num[])
{
    int i,j;
    int bb[10];
    char * p=tt;
    for(i=0;i<10;i++)
    {
        num[i]=0;
        bb[i]=0;
    }
```

```
        while(  【1】  )
        {
            if( * p>='0'&& * p<='9')
              【2】  ;
            p++;
        }
        for(i=1,j=0;i<10;i=i+2,j++)
            【3】  ;
    }
void main()
{
    char str[N];
    int num[10],k;
    system("CLS");
    printf("\nPlease enter a char string:");
    gets(str);
    printf("\n ** The original string ** \n");
    puts(str);
    fun(str,num);
    printf("\n ** The number of letter ** \n");
    for(k=0;k<5;k++)
    {
        printf("\n");
        printf("%d=%d",2 * k+1,num[k]);
    }
    printf("\n");
}
```

## 2.8.2 调试程序

**【题目】**下列给定程序中,函数 fun()的功能是求出数组中最小数和次最小数,并把最小数和 a[0]中的数对调,次最小数和 a[1]中的数对调。

**【要求】**

(1) 改正给定源程序中的错误,使它能得到正确结果。

(2) 不要改动 main 函数,不得增行或删行,也不得更改程序的结构。

(3) 源程序以 mn082. c 为文件名存入 C:\C\MNST\08 文件夹。

给定源程序如下:

```
#include <stdlib. h>
#include <conio. h>
#include <stdio. h>
```

```
#define N 20
void fun(int  * a,int n)
{
    int i,m,t,k;
    / ***************** found ******************×× /
    for(i=0; i<n; i++)
    {
        m=i;
        for(k=i; k<n; k++)
        if(a[k]<a[m])
        / ************ found ************** /
    k=m;
  t=a[i];
  a[i]=a[m];
  a[m]=t;
    }
}
void main()
{
  int b[N]={11,5,12,0,3,6,9,7,10,8},n=10,i;
  system("CLS");
  for(i=0; i<n; i++)
     printf("%d ",b[i]);
  printf("\n");
  fun(b,n);
  for(i=0; i<n; i++)
     printf("%d ", b[i]);
  printf("\n");
}
```

## 2.8.3  程序设计

**【题目】**m 个人的成绩存放在 score 数组中,请编写函数 fun(),它的功能是:将高于平均分的人数作为函数值返回,将高于平均分的分数放在 up 所指的数组中。

例如,当 score 数组中的数据为 24,35,88,76,90,54,59,66,96 时,函数返回的人数应该是 5,up 中的数据应为 88,76,90,66,96。

**【要求】**

(1) 编写函数 fun(),使其实现要求的功能。

(2) 不要改动给定源程序中主函数 main 和其他函数中的任何内容,仅在函数 fun 的花括号中填入若干语句。

（3）源程序以 mn083. c 为文件名存入 C:\C\MNST\08 文件夹。

给定源程序如下：

```
#include <stdlib. h>
#include <conio. h>
#include <stdio. h>
#include <string. h>
int fun(int score[],int m,int up[])
{
    /* 在此添加程序代码 */
}
void main()
{
    int i,n,up[9];
    int score[9]={24,35,88,76,90,54,59,66,96};
    system("CLS");
    n=fun(score,9,up);
    printf("\nup to the average score are:");
    for(i=0;i<n;i++)
        printf("%d ",up[i]);
}
```

## 2.9　上机模拟题 9

### 2.9.1 完善程序

【题目】已知程序的功能是从字符串 str 中取出所有数字字符，并分别计数，然后把结果保存在数组 b 中并输出，把其他字符保存在 b[10]中。

例如：当 str1="ab123456789cde090"时,结果为：

0:2　1:1　2:1　3:1　4:1　5:1　6:1　7:1　8:1　9:2　other:5

【要求】

（1）根据给定的源程序，补充函数 main()，使其实现要求的功能。

（2）仅在函数 main 的横线上填入若干表达式或语句。

（3）源程序以 mn091. c 为文件名存入 C:\C\MNST\09 文件夹。

给定源程序如下：

```
#include<stdlib. h>
#include<stdio. h>
#include<conio. h>
void main()
{
    int i,b[11];
```

```
char * str="ab123456789cde090";
char * p=str;
system("CLS");
printf(" *** the origial data *** \n");
puts(str);
for(i=0;i<11;i++)
   b[i]=0;
while( * p)
{
   switch(  【1】  )
   {
        case '0':b[0]++;break;
        case '1':b[1]++;break;
        case '2':b[2]++;break;
        case '3':b[3]++;break;
        case '4':b[4]++;break;
        case '5':b[5]++;break;
        case '6':b[6]++;break;
        case '7':b[7]++;break;
        case '8':b[8]++;break;
        case '9':b[9]++;break;
          【2】
   }
     【3】
}
printf(" ****** the result ******** \n");
for(i=0;i<10;i++)
   printf("\n%d:%d",i,b[i]);
printf("\nother:%d",b[i]);
}
```

## 2.9.2 调试程序

【题目】下列给定程序中,函数 fun() 的功能是计算并输出 high 以内的素数之和。high 由主函数传给 fun() 函数。若 high 的值为 100,则函数的值为 1060。

【要求】

(1) 改正给定源程序中的错误,使它能得到正确结果。

(2) 不要改动 main 函数,不得增行或删行,也不得更改程序的结构。

(3) 源程序以 mn092.c 为文件名存入 C:\C\MNST\09 文件夹。

给定源程序如下:

```
#include <stdlib. h>
#include <conio. h>
#include <stdio. h>
#include <math. h>
int fun(int high)
{
    int sum=0,n=0,j,yes;
    while(high>=2)
    {
        yes=1;
        for(j=2; j<=high/2; j++)
        / ***************** found ***************** /
            if high%j==0
            {
                yes=0;
                break;
            }
            / *************** found ************* /
            if(yes==0)
            {
                sum+=high;
                n++;
            }
        high--;
    }
    return sum;
}
void main()
{
    system("CLS");
    printf("%d\n",fun(100));
}
```

### 2.9.3　程序设计

　　【题目】编写函数 void fun(int x, int pp[], int ＊n)，它的功能是：求出能整除 x 且不是奇数的各整数，并按从小到大的顺序放在 pp 所指的数组中，这些除数的个数通过形参 n 返回。

　　例如，若 x 中的值为 24，则有 6 个数符合要求，它们是 2,4,6,8,12,24。

　　【要求】

　　(1) 编写函数 fun()，使其实现要求的功能。

（2）不要改动给定源程序中主函数 main 和其他函数中的任何内容，仅在函数 fun 的花括号中填入若干语句。

（3）源程序以 mn093.c 为文件名存入 C:\C\MNST\09 文件夹。

给定源程序如下：

```
#include <conio. h>
#include <stdio. h>
#include <stdlib. h>
void fun (int x,int pp[],int * n)
{
    / * 在此添加程序代码 * /
}
void main()
{
    int x,aa[1000],n,i;
    system("CLS") ;
    printf("\nPlease enter an integer number:\n");
    scanf ("%d",&x);
    fun (x,aa,&n);
    for (i=0;i<n;i++)
        printf("%d ",aa[i]);
    printf("\n");
}
```

## 2.10　上机模拟题 10

### 2.10.1　完善程序

【题目】已知程序的功能是从键盘输入一个长整数，如果这个数是负数，则取它的绝对值，并显示出来。例如，输入：－3847652，结果为：3847652。

【要求】

（1）根据给定的源程序，补充函数 main()，使其实现要求的功能。

（2）仅在函数 main() 的横线上填入若干表达式或语句。

（3）源程序以 mn101.c 为文件名存入 C:\C\MNST\10 文件夹。

给定源程序如下：

```
#include<stdlib. h>
#include<stdio. h>
#include<conio. h>
void main()
{
    long int n;
```

```
        system("CLS");
        printf("Enter the data:\n");
        scanf(　【1】　);
        printf(" ***  the absolute value  *** \n");
        if(n<0)
           【2】
         printf("\n\n");
        printf(　【3】　);
    }
```

## 2.10.2　调试程序

【题目】下列给定程序中,函数 fun() 的功能是:读入一个字符串(长度<20),将该字符串中的所有字符按 ASCII 码降序排序后输出。

例如:输入 dafhc,则应输出 hfdca。

【要求】

(1) 改正给定源程序中的错误,使它能得到正确结果。

(2) 不要改动 main 函数,不得增行或删行,也不得更改程序的结构。

(3) 源程序以 mn102.c 为文件名存入 C:\C\MNST\10 文件夹。

给定源程序如下:

```c
#include <string.h>
#include <stdlib.h>
#include <conio.h>
#include <stdio.h>
/ ***************** found ****************** /
unsigned fun(char t[])
{
char c;
int i,j;
for(i=0;i<strlen(t)-1;i++)
    for(j=i+1;j<strlen(t);j++)
        if(t[i]<t[j])
        {
            c= t[j];
            / *********** found ************* /
            t[j]=t[i++];
            t[i]=c;
        }
}
void main()
```

```
{
    char s[81];
    system("CLS");
    printf("\nPlease enter a character string:");
    gets(s);
    printf("\n\nBefore sorting:\n %s",s);
    fun(s);
    printf("\nAfter sorting decendingly:\n%s",s);
}
```

## 2.10.3　程序设计

【题目】请编写一个函数 void fun(int m,int k,int xx[]),该函数的功能是将大于整数 m 且紧靠 m 的 k 个非素数存入所指的数组中。

例如,若输入 15,5,则应输出 16,18,20,21,22。

【要求】

(1) 编写函数 fun(),使其实现要求的功能。

(2) 不要改动给定源程序中主函数 main 和其他函数中的任何内容,仅在函数 fun 的花括号中填入若干语句。

(3) 源程序以 mn103.c 为文件名存入 C:\C\MNST\10 文件夹。

给定源程序如下:

```
#include <stdlib.h>
#include <conio.h>
#include <stdio.h>
void fun(int m,int k,int xx[])
{
    /*在此添加程序代码*/
}
void main()
{
    int m,n,zz[1000];
    system("CLS");
    printf("\nPlease enter two integers:");
    scanf("%d%d",&m,&n);
    fun(m,n,zz);
    for(m=0;m<n;m++)
        printf("%d ",zz[m]);
    printf("\n ");
}
```

## 2.11　上机模拟题 11

### 2.11.1　完善程序

【题目】已知程序的功能是从一个字符串中截取前面若干个给定长度的子字符串。其中,str1 指向原字符串,截取后的字符存放在 str2 所指的字符数组中,n 中存放需截取的字符个数。

例如:当 str1="cdefghij",然后输入 4,则 str2="cdef"。

【要求】

(1) 根据给定的源程序,补充函数 main(),使其实现要求的功能。

(2) 仅在函数 main() 的横线上填入若干表达式或语句。

(3) 源程序以 mn111. c 为文件名存入 C:\C\MNST\11 文件夹。

给定源程序如下:

```c
#include <stdlib. h>
#include <stdio. h>
#include <conio. h>
#define LEN 80
void main()
{
    char str1[LEN],str2[LEN];
    int n,i;
    system("CLS");
    printf("Enter the string:\n");
    gets(str1);
    printf("Enter the position of the string deleted:");
    scanf(  【1】  );
    for(i=0;i<n;i++)
        【2】
    str2[i]='\0';
    printf("The new string is:%s\n",  【3】  );
}
```

### 2.11.2　调试程序

【题目】下列给定程序中,函数 fun() 的功能是:依次取出字符串中所有的字母,形成新的字符串,并取代原字符串。

【要求】

(1) 改正给定源程序中的错误,使它能得到正确结果。

(2) 不要改动 main 函数,不得增行或删行,也不得更改程序的结构。

(3) 源程序以 mn112. c 为文件名存入 C:\C\MNST\11 文件夹。

给定源程序如下：

```
#include <stdlib.h>
#include <stdio.h>
#include <conio.h>
void fun(char * s)
{
    int i,j;
    for(i=0,j=0; s[i]! = '\0'; i++)
        / ***************** found ******************** /
        if((s[i]>= 'A'&&s[i]<= 'Z')&&(s[i]>= 'a'&&s[i]<= 'z'))
            s[j++]=s[i];
        / ************** found ******************* /
    s[j]= "\0";
}
void main()
{
    char item[80];
    system("CLS");
    printf("\nEnter a string:");
    gets(item);
    printf("\n\nThe string is:%s\n",item);
    fun(item);
    printf("\n\nThe string of changing is:%s\n",item);
}
```

### 2.11.3 程序设计

【题目】下列程序定义了 N×N 的二维数组，并在主函数中自动赋值。请编写函数 fun (int a[][N])，该函数的功能是：使数组右上半三角元素中的值全部置成 0。例如 a 数组中的值为：

```
4 5 6
1 7 9
3 2 6
```

则返回主程序后 a 数组中的值应为：

```
0 0 0
1 0 0
3 2 0
```

【要求】

(1) 编写函数 fun()，使其实现要求的功能。

(2) 不要改动给定源程序中主函数 main 和其他函数中的任何内容，仅在函数 fun 的花括号中填入若干语句。

（3）源程序以 mn113. c 为文件名存入 C:\C\MNST\11 文件夹。

给定源程序如下：

```
#include <conio. h>
#include <stdio. h>
#include <stdlib. h>
#define N 5
void fun(int a[][N])
{
    /* 在此添加程序代码 */
}
void main()
{
    int a[N][N],i,j;
    system("CLS");
    printf(" ***** The array ***** \n");
    for(i=0;i<N;i++)                        /* 产生一个随机的 5*5 矩阵 */
        {
            for(j=0;j<N;j++)
            {
                a[i][j]=rand()%10;
                printf("%4d", a[i][j]);
            }
            printf("\n");
        }
    fun(a);
    printf("THE RESULT\n");
    for(i=0;i<N;i++)
        {
            for(j=0;j<N;j++)
                printf("%4d",a[i][j]);
            printf("\n");
        }
}
```

## 2. 12    上机模拟题 12

### 2. 12. 1    完善程序

【题目】已知函数 fun() 的功能是判断一个数的个位数字和百位数字之和是否等于其十

位上的数字,是则返回"yes!",否则返回"no!"。

【要求】

(1) 根据给定的源程序,补充函数 fun(),使其实现要求的功能。

(2) 不要改动给定源程序中主函数 main 和其他函数中的任何内容,仅在函数 fun 的横线上填入若干表达式或语句。

(3) 源程序以 mn121. c 为文件名存入 C:\C\MNST\12 文件夹。

给定源程序如下:

```
#include <stdlib. h>
#include <stdio. h>
#include <conio. h>
char * fun(int n)
{
    int g,s,b;
    g=n%10;
    s=n/10%10;
    b=  【1】  ;
    if((g+b)==s)
        return  【2】  ;
    else
        return  【3】  ;
}
void main()
{
    int num=0;
    system("CLS");
    printf(" ****** Input data ******* \n");
    scanf("%d",&num);
    printf("\n\n\n");
    printf(" ******  The result ******* \n");
    printf("\n\n\n%s",fun(num));
}
```

## 2.12.2 调试程序

【题目】下列给定的程序中,函数 fun()的功能是:用选择法对数组中的 n 个元素按从大到小的顺序进行排序。

【要求】

(1) 改正给定源程序中的错误,使它能得到正确结果。

(2) 不要改动 main 函数,不得增行或删行,也不得更改程序的结构。

(3) 源程序以 mn122. c 为文件名存入 C:\C\MNST\12 文件夹。

给定源程序如下：

```
#include <stdio.h>
#define N 20
void fun(int a[],int n)
{
    int i,j,t,p;
    /***************** found ****************** /
    for(j=0;j<n-1;j++);
    {
        p=j;
        for(i=j;i<n;i++)
            if(a[i]>a[p])
                p=i;
        t=a[p];
        a[p]=a[j];
        /************** found **************** /
        a[p]=t;
    }
}
void main()
{
    int a[N]={11,32,-5,2,14},i,m=5;
    printf("排序前的数据:");
    for(i=0;i<m;i++)    printf("%d ",a[i]);
    printf("\n");
    fun(a,m);
    printf("排序后的顺序:");
    for(i=0;i<m;i++) printf("%d ",a[i]);
    printf("\n");
}
```

## 2.12.3　程序设计

【**题目**】下列程序定义了 N×N 的二维数组，并在主函数中赋值。请编写函数 fun()，函数的功能是：求出数组周边元素的平方和并作为函数值返回给主函数中的 s。例如：若数组 a 中的值为：

```
0    1    2    7    9
1   11   21    5    5
2   21    6   11    1
9    7    9   10    2
5    4    1    4    1
```

则返回主程序后 s 的值应为 310。

**【要求】**

(1) 编写函数 fun(),使其实现要求的功能。

(2) 不要改动给定源程序中主函数 main 和其他函数中的任何内容,仅在函数 fun 的花括号中填入若干语句。

(3) 源程序以 mn123. c 为文件名存入 C:\C\MNST\12 文件夹。

给定源程序如下:

```c
#include <stdio. h>
#include <conio. h>
#include <stdlib. h>
#define N 5
int fun(int w[][N])
{
    /* 在此添加程序代码 */
}
void main()
{
    int a[N][N]={0,1,2,7,9,1,11,21,5,5,2,21,6,11,1,9,7,9,10,2,5,4,1,4,1};
    int i,j;
    int s;
    system("CLS");
    printf(" *** The array *** \n");
    for (i=0; i<N; i++)
    {
        for (j=0;j<N;j++)
            {   printf("%4d ",a[i][j]); }
        printf("\n ");
    }
    s=fun(a);
    printf(" *** THE RESULT *** \n");
    printf("The sum is:%d\n",s);
}
```

## 2.13 上机模拟题 13

### 2.13.1 完善程序

【题目】从键盘输入一组无符号整数并保存在数组 xx[N]中，以整数 0 结束输入，要求这些数的最大位数不超过 4 位，其元素的个数通过变量 num 传入函数 fun()。函数 fun()的功能是从数组 xx 中找出个位和十位的数字之和大于 5 的所有无符号整数，结果保存在数组 yy 中，其个数由函数 fun()返回。

例如：当 xx[8]={123,11,25,222,42,333,14,5451}时，bb[4]={25,42,333,5451}。

【要求】

(1) 根据给定的源程序，补充函数 fun()，使其实现要求的功能。

(2) 不要改动给定源程序中主函数 main 和其他函数中的任何内容，仅在函数 fun 的横线上填入若干表达式或语句。

(3) 源程序以 mn131. c 为文件名存入 C:\C\MNST\13 文件夹。

给定源程序如下：

```
#include <stdio. h>
#define N 1000
int fun(int xx[],int bb[],int num)
{
    int i,n=0;
    int g,s;
    for(i=0;i<num;i++)
    {
        g= 【1】 ;
        s=xx[i]/10%10;
        if((g+s)>5)
        【2】 ;
    }
    return 【3】 ;
}
void main()
{
    int xx[N];
    int yy[N];
    int num=0,n=0,i=0;
    printf("Input number:\n");
    do
    {
        scanf("%u",&xx[num]);
```

```
    }
    while(xx[num++]! =0);
    n=fun(xx,yy,num);
    printf("\nyy=");
    for(i=0;i<n;i++)
        printf("%u ",yy[i]);
}
```

## 2.13.2　调试程序

【题目】下列给定程序中,函数 fun() 的功能是:在字符串 str 中找出 ASCⅡ码值最小的字符,将其放在第一个位置上,并将该字符前的原字符向后顺序移动。例如,在调用函数 fun() 之前给 str 输入 fagAgBDh,调用后字符串 str 中的内容为 AfaggBDh。

【要求】

(1) 改正给定源程序中的错误,使它能得到正确结果。

(2) 不要改动 main 函数,不得增行或删行,也不得更改程序的结构。

(3) 源程序以 mn132.c 为文件名存入 C:\C\MNST\13 文件夹。

给定源程序如下:

```
#include<stdio.h>
/ ***************** found ****************** /
void fun(char p)
{
    char min, * q;
    int i=0;
    min=p[i];
    while (p[i]! =0)
    {
        if (min>p[i])
        {
            / ************ found ************** /
            p=q+i;
            min=p[i];
        }
        i++;
    }
    while(q>p)
    {
        * q= * (q-1);
        q--;
    }
}
```

```
        p[0]=min;
}
void main()
{
    char str[80];
    printf("Enter a string:");
    gets(str);
    printf("\nThe original string:");
    puts(str);
    fun(str);
    printf("\nThe string after moving:");
    puts(str);
    printf("\n\n");
}
```

### 2.13.3　程序设计

【题目】N 名学生的成绩已放入主函数中一个带头节点的链表结构中,h 指向链表的头节点。请编写函数 fun(),它的功能是:找出学生的最低分,由函数值返回。

【要求】

(1) 编写函数 fun(),使其实现要求的功能。

(2) 不要改动给定源程序中主函数 main 和其他函数中的任何内容,仅在函数 fun 的花括号中填入若干语句。

(3) 源程序以 mn133.c 为文件名存入 C:\C\MNST\13 文件夹。

给定源程序如下:

```
#include <stdio.h>
#include <stdlib.h>
#define N 8
struct slist
{    double s;
    struct slist  * next;
};
typedef struct slist STREC;
double fun(STREC  * h)
{
    /* 在此添加程序代码 */
}
STREC  * creat(double  * s)
{
    STREC  * h, * p, * q;
```

```
        int i=0;
        h=p=(STREC * )malloc(sizeof(STREC));
        p->s=0;
        while(i<N)          /* 产生 8 个节点的链表,各分数存入链表中 */
        {
            q=(STREC * ) malloc(sizeof(STREC));
            p->s=s[i]; i++; p->next=q; p-q;
        }
        p->next=NULL;
        return h;            /* 返回链表的首地址 */
    }
    outlist(STREC * h)
    {
        STREC * p;
        p=h;
        printf("head");
        do
        {
            printf("->%2.0f ",p->s);p=p->next;      /* 输出各分数 */
        }
        while(p->next! =NULL);
        printf("\n\n");
    }
    void main()
    {
        double s[N]={56,89,76,95,91,68,75,85},min;
        STREC * h;
        h=creat(s);
        outlist(h);
        min=fun(h);
        printf("min=%6.1f\n",min);
    }
```

## 2.14　上机模拟题 14

### 2.14.1　完善程序

　　【题目】str 是一个由数字和字母字符组成的字符串,由变量 num 传入字符串长度。函数 fun() 的功能是把字符串 str 中的数字字符转换成数字并存放到整型数组 bb 中,函数返回数组 bb 的长度。

例如：str="Bcd123e456hui890"，结果为：123456890。

**【要求】**

（1）根据给定的源程序，补充函数 fun()，使其实现要求的功能。

（2）不要改动给定源程序中主函数 main 和其他函数中的任何内容，仅在函数 fun 的横线上填入若干表达式或语句。

（3）源程序以 mn141.c 为文件名存入 C:\C\MNST\14 文件夹。

给定源程序如下：

```c
#include<stdio.h>
#define N 80
int bb[N];
int fun(char s[],int bb[],int num)
{
    int i,n=0;
    for(i=0;i<num;i++)
    {
        if(  【1】  )
        {
            bb[n]=  【2】  ;
            n++;
        }
    }
    return   【3】  ;
}
void main()
{
    char str[N];
    int num=0,n,i;
    printf("Enter a string:\n");
    gets(str);
    while(str[num])
        num++;
    n=fun(str,bb,num);
    printf("\nbb=");
    for(i=0;i<n;i++)
        printf("%d",bb[i]);
}
```

## 2.14.2　调试程序

**【题目】**下列给定程序中，函数 fun()的功能是：从 n 个学生的成绩中统计出高于平均分

的学生人数,人数由函数值返回,平均分存放在形参 aver 所指的存储单元中。例如输入 8 名学生的成绩:

$$85\quad 65.5\quad 69\quad 95.5\quad 87\quad 55\quad 62.5\quad 75$$

则高于平均分的学生人数为 4(平均分为 74.312500)。

**【要求】**

(1) 改正给定源程序中的错误,使它能得到正确结果。

(2) 不要改动 main 函数,不得增行或删行,也不得更改程序的结构。

(3) 源程序以 mn142.c 为文件名存入 C:\C\MNST\14 文件夹。

给定源程序如下:

```c
#include <stdlib.h>
#include <stdio.h>
#include <conio.h>
#define N 20
int fun(float * s,int n,float * aver)
{
    / ***************** found ***************** /
    int ave ,t=0;
    int count=0,k,i;
    for(k=0;k<n;k++)
        t+=s[k];
    ave=t/n;
    for(i=0;i<n;i++)
    / ***************** found ***************** /
        if(s[i]<ave)
            count++;
    / ***************** found ***************** /
    aver=ave;
    return count;
}
void main()
{
    float s[30],aver;
    int m,i;
    system("CLS");
    printf("\nPlease enter m:");
    scanf("%d",&m);
    printf("\nPlease enter %d mark:\n",m);
    for(i=0;i<m;i++)
        scanf("%f",s+i);
```

```
        printf("\nThe number of students:%d\n",fun(s,m,&aver));
        printf("Ave=%f\n",aver);
}
```

## 2.14.3　程序设计

【题目】请编写一个函数 fun(),它的功能是:比较两个字符串的长度,(不得调用 C 语言提供的求字符串长度的函数),函数返回较短的字符串。若两个字符串长度相等,则返回第 1 个字符串。

例如,输入 nanjing <回车键> nanchang <回车键>,函数将返回 nanjing。

【要求】

(1) 编写函数 fun(),使其实现要求的功能。

(2) 不要改动给定源程序中主函数 main 和其他函数中的任何内容,仅在函数 fun 的花括号中填入若干语句。

(3) 源程序以 mn143.c 为文件名存入 C:\C\MNST\14 文件夹。

给定源程序如下:

```
#include <stdio.h>
char * fun(char * s,char * t)
{
        /* 在此添加程序代码 */
}
void main()
{
        char a[20],b[10], * p, * q;
        printf("Input 1th string:");
        gets(a);
        printf("Input 2th string:");
        gets(b);
        printf("%s",fun(a,b));
}
```

## 2.15　上机模拟题 15

### 2.15.1　完善程序

【题目】给定程序中,函数 fun 的功能是统计形参 s 所指的字符串中数字字符出现的次数,并存放在形参 t 所指的变量中,最后在主函数中输出。

例如,若形参 s 所指的字符串为"abcdef35adgh3kjsdf7",则输出结果为 4。

【要求】

(1) 根据给定的源程序,补充函数 fun(),使其实现要求的功能。

(2) 不要改动给定源程序中主函数 main 和其他函数中的任何内容,仅在函数 fun 的横线上填入若干表达式或语句。

（3）源程序以 mn151. c 为文件名存入 C:\C\MNST\15 文件夹。

给定源程序如下：

```
#include <stdio. h>
void fun(char  * s,int  * t)
{
    int i,n;
    n=0;
    for(i=0;  【1】   ! =0; i++)
        if(s[i]>='0'&&s[i]<=  【2】   ) n++;
      【3】   ;
}
voidmain()
{
    char s[80]="abcdef35adgh3kjsdf7";
    int t;
    printf("\nThe original string is:%s\n",s);
    fun(s,&t);
    printf("\nThe result is:%d\n",t);
}
```

## 2.15.2　调试程序

【题目】下列给定程序中函数 fun 的功能是：实现两个变量值的交换，规定不允许增加语句和表达式。

例如，变量 a 中的值原为 8，b 中的值原为 3，程序运行后 a 中的值为 3，b 中的值为 8。

【要求】

（1）改正给定源程序中的错误，使它能得到正确结果。

（2）不要改动 main 函数，不得增行或删行，也不得更改程序的结构。

（3）源程序以 mn152. c 为文件名存入 C:\C\MNST\15 文件夹。

给定源程序如下：

```
#include <stdio. h>
int fun(int  * x,int y)
{
    int t;
    / ************** found ************** /
    t=x; x=y;
    / ************** found ************** /
    return(y);
}
```

```
void main()
{
    int a=3,b=8;
    printf("%d    %d\n",a,b);
    b=fun(&a,b);
    printf("%d    %d\n",a,b);
}
```

### 2.15.3　程序设计

**【题目】**编写函数 fun,其功能是:求出 1～1000 之间能被 7 或 11 整除,但不能同时被 7 和 11 整除的所有整数,并将其放在 a 所指的数组中,通过 n 返回这些数的个数。

**【要求】**

(1) 编写函数 fun(),使其实现要求的功能。

(2) 不要改动给定源程序中主函数 main 和其他函数中的任何内容,仅在函数 fun 的花括号中填入若干语句。

(3) 源程序以 mn153.c 为文件名存入 C:\C\MNST\15 文件夹。

给定源程序如下:

```
#include <stdio.h>
void fun(int * a,int * n)
{
    /* 在此添加程序代码 */
}
void main()
{
    int aa[1000],n,k ;
    void NONO();
    fun(aa,&n);
    for (k=0;k<n;k++)
        if((k+1)%10==0) printf("\n");
        else printf("%5d",aa[k]);
    NONO();
}
void NONO()
{/* 用于打开文件,输入测试数据,调用 fun 函数,输出数据,关闭文件 */
    int aa[1000],n,k;
    FILE * fp;
    fp=fopen("out.dat","w");
    fun(aa,&n);
    for (k=0;k<n;k++)
```

```
            if((k+1)%10==0) fprintf(fp,"\n");
            else fprintf(fp,"%5d",aa[k]);
        fclose(fp);
}
```

## 2.16 上机模拟题 16

### 2.16.1 完善程序

【题目】给定程序中,函数 fun 的功能是将形参指针所指结构体数组中的三个元素按 num 成员进行升序排列。

【要求】

(1)在程序的下划线处填入正确的内容并把下划线删除,使程序得出正确的结果。

(2)不得增行或删行,也不得更改程序的结构。

(3)源程序以 mn161.c 为文件名存入 C:\C\MNST\16 文件夹。

给定源程序如下:

```
#include <stdio.h>
typedef struct
{   int num;
    char name[10];
}PERSON;
void fun(PERSON   【1】   )
{
        【2】   temp;
    if(std[0].num>std[1].num)
    {   temp=std[0];   std[0]=std[1];   std[1]=temp;   }
    if(std[0].num>std[2].num)
    {   temp=std[0];   std[0]=std[2];   std[2]=temp;   }
    if(std[1].num>std[2].num)
    {   temp=std[1];   std[1]=std[2];   std[2]=temp;   }
}
void main()
{
    PERSON std[ ]={ 5,"Zhanghu",2,"WangLi",6,"LinMin" };
    int i;
    fun(   【3】   );
    printf("\nThe result is:\n");
    for(i=0; i<3; i++)
        printf("%d,%s\n",std[i].num,std[i].name);
}
```

## 2.16.2　调试程序

**【题目】**下列给定程序中函数 fun 的功能是:将 m(1≤m≤10)个字符串连接起来,组成一个新串,放入 pt 所指存储区中。例如:把三个串"abc"、"CD"、"EF"连接起来,结果是"abcCDEF"。

**【要求】**

(1) 改正给定源程序中的错误,使它能得到正确结果。

(2) 不要改动 main 函数,不得增行或删行,也不得更改程序的结构。

(3) 源程序以 mn162.c 为文件名存入 C:\C\MNST\16 文件夹。

给定源程序如下:

```
#include <stdio. h>
#include <string. h>
void fun(char str[][10],int m,char  * pt)
{
    / ************ found ************ /
    int k,q,i;
    for (k = 0; k < m; k++ )
    {
        q=strlen (str[k] );
        for (i=0; i<q; i++)
        / ************ found ************ /
        pt[i]=str[k,i];
        pt+=q;
        pt[0]=0;
    }
}
void main()
{
    int m,h;
    char s[10][10],p[120];
    printf("\nPlease enter m:" );
    scanf("%d",&m);
    gets(s[0]);
    printf("\nPlease enter %d string:\n",m );
    for (h=0; h<m; h++ ) gets(s[h]);
    fun(s,m,p);
    printf("\nThe result is: %s\n",p);
}
```

## 2.16.3　程序设计

【题目】下列程序定义了 N×N 的二维数组,并在主函数中自动赋值。请编写函数 fun (int a[][N]),该函数的功能是:将数组左下半三角元素中的值全部置成 0。例如 a 数组中的值为:

$$
\begin{array}{ccc}
1 & 9 & 7 \\
2 & 3 & 8 \\
4 & 5 & 6
\end{array}
$$

则返回主程序后数组 a 中的值应为:

$$
\begin{array}{ccc}
0 & 9 & 7 \\
0 & 0 & 8 \\
0 & 0 & 0
\end{array}
$$

【要求】

(1) 编写函数 fun(),使其实现要求的功能。

(2) 不要改动给定源程序中主函数 main 和其他函数中的任何内容,仅在函数 fun 的花括号中填入若干语句。

(3) 源程序以 mn163.c 为文件名存入 C:\C\MNST\16 文件夹。

给定源程序如下:

```
#include <conio.h>
#include <stdio.h>
#include <stdlib.h>
#define N 5
void fun (int a[][N])
{
    /* 在此添加程序代码 */
}
void main()
{
    FILE * wf;
    int a[N][N],i,j;
    int b[N][N]={1,9,7,2,4,2,3,8,1,2,4,5,6,7,5,4,0,6,8,0,2,7,1,6,4};
    system("CLS");
    printf(" ***** The array ***** \n");
    for(i=0;i<N;i++)                    /* 产生一个随机的 5 * 5 矩阵 */
        {
            for(j=0;j<N;j++)
            {
                a[i][j]=rand()%10;
                printf("%4d",a[i][j]);
```

```
            }
            printf("\n");
        }
    fun(a);
    printf("THE RESULT\n");
    for(i=0;i<N;i++)
        {
            for(j=0;j<N;j++)
                printf("%4d",a[i][j]);
                printf("\n");
        }
    / ****************************** /
    wf=fopen("out. dat","w");
    fun(b);
    for(i=0;i<N;i++)
        {
            for(j=0;j<N;j++)
                fprintf(wf,"%4d",b[i][j]);
                fprintf(wf,"\n");
        }
    fclose(wf);
    / ****************************** /
    }
```

## 2.17　上机模拟题 17

### 2.17.1　完善程序

【题目】给定程序中,函数 fun 的功能是将形参 std 所指结构体数组中年龄最大者的数据作为函数值返回,并在 main 函数中输出。

【要求】

(1) 在程序的下划线处填入正确的内容并把下划线删除,使程序得出正确的结果。

(2) 不得增行或删行,也不得更改程序的结构。

(3) 源程序以 mn171. c 为文件名存入 C:\C\MNST\17 文件夹。

给定源程序如下:

```
#include <stdio. h>
typedef struct
{  char name[10];
    int age;
}STD;
```

```
STD fun(STD std[],int n)
{
    STD max; int i;
    max= 【1】 ;
    for(i=1;i<n; i++)
    if(max. age< 【2】 )   max=std[i];
    return max;
}
void main()
{
    STD std[5]={"aaa",17,"bbb",16,"ccc",18,"ddd",17,"eee",15 };
    STD max;
    max=fun(std,5);
    printf("\nThe result:\n");
    printf("\nName: %s, Age: %d\n", 【3】 ,max. age);
}
```

## 2.17.2　调试程序

【题目】下列给定程序中,函数 fun 的功能是:实现两个整数的交换。例如,给 a 和 b 分别输入 60 和 65,输出为:a=65b=60。

【要求】

(1) 改正给定源程序中的错误,使它能得到正确结果。

(2) 不要改动 main 函数,不得增行或删行,也不得更改程序的结构。

(3) 源程序以 mn172. c 为文件名存入 C:\C\MNST\17 文件夹。

给定源程序如下:

```
#include <stdio. h>
#include <conio. h>
#include <stdlib. h>
/ ************* found ************** /
void fun(int a,b)
{
    int t;
    / *********** found ************ /
    t=b;b=a;a=t;
}
void main()
{
    int a,b;
    system("CLS");
```

```
        printf("Enter a,b:");
        scanf("%d%d",&a,&b);
        fun(&a,&b);
        printf("a=%d b=%d\n",a,b);
}
```

## 2.17.3　程序设计

【题目】请编一个函数 void fun(int　tt[M][N], int　pp[N]), tt 指向一个 M 行 N 列的二维数组,求出二维数组每列中最大元素,并依次放入 pp 所指的一维数组中。二维数组中的数已在主函数中给出。

【要求】

(1) 编写函数 fun(),使其实现要求的功能。

(2) 不要改动给定源程序中主函数 main 和其他函数中的任何内容,仅在函数 fun 的花括号中填入若干语句。

(3) 源程序以 mn173.c 为文件名存入 C:\C\MNST\17 文件夹。

给定源程序如下:

```c
#include <conio.h>
#include <stdio.h>
#include <stdlib.h>
#define M 3
#define N 4
void fun(int tt[M][N],int pp[N])
{
    /* 在此添加程序代码 */
}
void main()
{
    void NONO();
    int t[M][N]={{68,32,54,12},{14,24,88,58},{42,22,44,56}};
    int p[N],i,j,k;
    printf( "The original data is:\n" );
    for(i=0;i<M;i++)
    {
        for(j=0;j<N;j++ )
            printf("%6d",t[i][j]);
            printf("\n");
    }
    fun(t,p);
    printf("\nThe result is:\n" );
```

```
        for (k=0;k<N;k++) printf ("%4d",p[k]);
        printf("\n");
        NONO();
    }
void NONO( )
{ /* 打开文件,输入测试数据,调用 fun 函数,输出数据,关闭文件 */
    int i,j,k,m,t[M][N],p[N];
    FILE * rf, * wf;
    rf=fopen("in. dat","r");
    wf=fopen("out. dat","w");
    for (m=0;m<10;m++)
    {
        for (i=0;i<M;i++)
        {
            for (j=0;j<N;j++)
                fscanf(rf,"%6d",&t[i][j]);
        }
        fun(t,p);
        for (k=0;k<N;k++) fprintf (wf,"%4d",p[k]);
        fprintf(wf,"\n");
    }
    fclose(rf);
    fclose(wf);
}
```

## 2.18　上机模拟题 18

### 2.18.1　完善程序

【题目】给定程序中,函数 fun 的功能是对形参 ss 所指字符串数组中的 M 个字符串按长度由短到长进行排序。ss 所指字符串数组中共有 M 个字符串,且串长小于 N。

【要求】

(1) 根据给定的源程序,补充函数 fun(),使其实现要求的功能。

(2) 不要改动给定源程序中主函数 main 和其他函数中的任何内容,仅在函数 fun 的横线上填入所编写的若干语句。

(3) 源程序以 mn181. c 为文件名存入 C:\C\MNST\18 文件夹。

```
#include <stdio. h>
#include <string. h>
#define M 5
#define N 20
```

```
void fun(char ( * ss)[N])
{
    int i,j,k,n[M]; char t[N];
    for(i=0;i<M;i++) n[i]=strlen(ss[i]);
    for(i=0;i<M-1;i++)
    {
        k=i;
        for(j=__【1】__; j<M; j++)
            if(n[k]>n[j]) __【2】__;
            if(k! =i)
            {
                strcpy(t,ss[i]);
                strcpy(ss[i],ss[k]);
                strcpy(ss[k], __【3】__);
                n[k]=n[i];
            }
    }
}
void main()
{
    char ss[M][N]={"shanghai","guangzhou","beijing","tianjing","cchongqing"};
    int i;
    printf("\nThe original strings are:\n");
    for(i=0;i<M;i++) printf("%s\n",ss[i]);
    printf("\n");
    fun(ss);
    printf("\nThe result:\n");
    for(i=0;i<M;i++) printf("%s\n",ss[i]);
}
```

## 2.18.2　调试程序

【题目】下列给定程序中函数 fun 的功能是：判断 ch 中的字符是否与 str 所指串中的某个字符相同；若相同，什么也不做，若不同，则将其插在字符串的最后。

【要求】

(1) 改正给定源程序中的错误，使它能得到正确结果。

(2) 不要改动 main 函数，不得增行或删行，也不得更改程序的结构。

(3) 源程序以 mn182. c 为文件名存入 C:\C\MNST\18 文件夹。

给定源程序如下：

```
#include <stdio. h>
```

```c
#include <string.h>
/ ********** found ********** /
void fun(char str,char ch)
{    while ( * str && * str! =ch) str++;
    / ********** found ********** /
    if   ( * str==ch)
    {
        str[0]=ch;
        / ********** found ********** /
        str[1]='0';
    }
}

void main()
{
    char s[81],c;
    printf("\nPlease enter a string:\n");
    gets(s);
    printf("\n Please enter the character to search:");
    c=getchar();
    fun(s,c);
    printf("\nThe result   is %s\n",s);
}
```

## 2.18.3　程序设计

【题目】请编一个函数 fun(char * s)，该函数的功能是：把字符串中的内容逆置。

例如，字符串中原有的字符串为"abcdefg"，则调用该函数后，字符串中的内容为"gfedc-ba"。

【要求】

(1) 编写函数 fun()，使其实现要求的功能。

(2) 不要改动给定源程序中主函数 main 和其他函数中的任何内容，仅在函数 fun 的花括号中填入若干语句。

(3) 源程序以 mn183. c 为文件名存入 C:\C\MNST\18 文件夹。

给定源程序如下：

```c
#include <string.h>
#include <conio.h>
#include <stdio.h>
#define N 81
void fun(char * s)
{
```

```
        /＊在此添加程序代码＊/
    }
    void main()
    {
        char a[N];
        FILE ＊out;
        printf("Enter a string：");
        gets(a);
        printf("The   original string is：");
        puts(a);
        fun(a);
        printf("\n");
        printf("The string after modified：");
        puts(a);
        strcpy(a,"Hello World!");
        fun(a);
        /＊＊＊＊＊＊＊＊＊＊＊＊＊＊＊＊＊＊＊＊＊＊＊＊＊＊＊＊＊＊/
        out＝fopen("out. dat","w");
        fprintf(out,"％s",a);
        fclose(out);
        /＊＊＊＊＊＊＊＊＊＊＊＊＊＊＊＊＊＊＊＊＊＊＊＊＊＊＊＊＊＊/
    }
```

## 2.19　上机模拟题 19

### 2.19.1　完善程序

【题目】给定程序中，函数 fun 的功能是求出形参 ss 所指字符串数组中最长字符串的长度，其余字符串左边用字符"＊"补齐，使其与最长的字符串等长。字符串数组中共有 M 个字符串，且串长小于 N。

【要求】

(1) 在程序的下划线处填入正确的内容并把下划线删除，使程序得出正确的结果。

(2) 不得增行或删行，也不得更改程序的结构。

(3) 源程序以 mn191. c 为文件名存入 C:\C\MNST\19 文件夹。

给定源程序如下：

```
＃include ＜stdio. h＞
＃include ＜string. h＞
＃define M 5
＃define N 20
void fun(char (＊ss)[N])
```

```
{
    int i,j,k=0,n,m,len;
    for(i=0; i<M; i++)
    {
        len=strlen(ss[i]);
        if(i==0) n=len;
        if(len>n)
        {
            n=len;
            【1】  =i;
        }
    }
    for(i=0; i<M; i++)
        if (i! =k)
        {
            m=n;
            len=strlen(ss[i]);
            for(j=  【2】  ; j>=0; j--)
                ss[i][m--]=ss[i][j];
            for(j=0; j<n-len; j++)
                【3】  ='*';
        }
}
void main()
{
    char    ss[M][N] = { "shanghai"," guangzhou"," beijing"," tianjing",
"cchongqing"};
    int  i;
    printf("\nThe original strings are:\n");
    for(i=0; i<M; i++) printf("%s\n",ss[i]);
    printf("\n");
    fun(ss);
    printf("\nThe result:\n");
    for(i=0; i<M; i++) printf("%s\n",ss[i]);
}
```

## 2.19.2　调试程序

【题目】下列给定程序中,函数 fun 的功能是计算整数 n 的阶乘。

**【要求】**

（1）改正给定源程序中的错误，使它能得到正确结果。

（2）不要改动 main 函数，不得增行或删行，也不得更改程序的结构。

（3）源程序以 mn192.c 为文件名存入 C:\C\MNST\19 文件夹。

给定源程序如下：

```
#include <stdlib.h>
#include <stdio.h>
double fun(int n)
{
    double result=1.0;
    while(n>1&&n<170)
/* ************* found ************** /
        result * =－－n;
/* ************* found ************** /
    return;
}
void main()
{
    int n;
    system("CLS");
    printf("Enter an integer:");
    scanf("%d",&n);
    printf("\n\n%d! =%1g\n\n",n,fun(n));
}
```

### 2.19.3　程序设计

**【题目】** 编写函数 fun，其功能是：从字符串中删除指定的字符。同字母的大、小写按不同字符处理。

例如，若程序执行时输入字符串为：

"turbo c and borland c++"

从键盘上输入字符 n，则输出为：

"turbo c ad borlad c++"

如果输入的字符在字符串中不存在，则字符串照原样输出。

**【要求】**

（1）编写函数 fun()，使其实现要求的功能。

（2）不要改动给定源程序中主函数 main 和其他函数中的任何内容，仅在函数 fun 的花括号中填入若干语句。

（3）源程序以 mn193.c 为文件名存入 C:\C\MNST\19 文件夹。

给定源程序如下：

```
#include <string. h>
#include <stdio. h>
void fun( char s[],int c)
{
    /* 在此添加程序代码 */
}
void main()
{
    static char str[]="turbo c and borland c++";
    char ch;
    FILE *out;
    printf("原始字符串:%s\n",str);
    printf("输入一个字符串:\n");
    scanf("%c",&ch);
    fun(str,ch);
    printf("str[]=%s\n",str);
    strcpy(str,"turbo c and borland c++");
    fun(str,'a');
    /****************************** /
    out=fopen("out. dat","w");
    fprintf(out,"%s",str);
    fclose(out);
    /****************************** /
}
```

## 2.20　上机模拟题 20

### 2.20.1　完善程序

【题目】给定程序中,函数 fun 的功能是求 ss 所指字符串数组中长度最长的字符串所在的行下标,作为函数值返回,并把其字符串长度放在形参 n 所指变量中。ss 所指字符串数组中共有 M 个字符串,且字符串长度<N。

【要求】

(1) 在程序的下划线处填入正确的内容并把下划线删除,使程序得出正确的结果。

(2) 不得增行或删行,也不得更改程序的结构。

(3) 源程序以 mn201. c 为文件名存入 C:\C\MNST\20 文件夹。

给定源程序如下:

```
#include <stdio. h>
#include <string. h>
#define M 5
```

```
#define N 20
int fun(char ( * ss)  【1】  , int * n)
{
    int i,k=0,len=0;
    for(i=0; i<M; i++)
    {
        len=strlen(ss[i]);
        if(i==0) * n=  【2】  ;
        if(len> * n)
        {
            【3】 ;
            k=i;
        }
    }
    return(k);
}
void main()
{
    char ss[M][N]={"shanghai","guangzhou","beijing","tianjing","cchongqing"};
    int n,k,i;
    printf("\nThe original strings are:\n");
    for(i=0;i<M;i++)puts(ss[i]);
    k=fun(ss,&n);
    printf("\nThe length of longest string is:%d\n",n);
    printf("\nThe longest string is:%s\n",ss[k]);
}
```

## 2.20.2　调试程序

【题目】下列给定程序中,fun 函数的功能是:根据形参 m,计算下列公式的值。

$$t=1+1/2+1/3+1/4+\cdots+1/m$$

例如,若输入 5,则应输出 2.283333。

【要求】

(1) 改正给定源程序中的错误,使它能得到正确结果。

(2) 不要改动 main 函数,不得增行或删行,也不得更改程序的结构。

(3) 源程序以 mn202.c 为文件名存入 C:\C\MNST\20 文件夹。

给定源程序如下:

```
#include <stdlib.h>
#include <conio.h>
#include <stdio.h>
```

```
double fun(int m)
{
    double t=1.0;
    int i;
    for(i=2;i<=m;i++)
    / ************** found ************** /
        t+=1.0/k;
    / ************** found ************** /
    return i;
}
void main()
{
    int m;
    system("CLS");
    printf("\nPlease enter 1integer number:");
    scanf("%d",&m);
    printf("\nThe result is %1f\n",fun(m));
}
```

## 2.20.3　程序设计

【题目】编写一个函数,该函数可以统计一个长度为 2 的字符串在另一个字符串中出现的次数。

例如,假定输入的字符串为"asd asasdfg asd as zx67 asd mklo",子字符串为"as",则应当输出 6。

【要求】

(1) 编写函数 fun(),使其实现要求的功能。

(2) 不要改动给定源程序中主函数 main 和其他函数中的任何内容,仅在函数 fun 的花括号中填入若干语句。

(3) 源程序以 mn203.c 为文件名存入 C:\C\MNST\20 文件夹。

给定源程序如下:

```
#include <conio.h>
#include <stdio.h>
#include <string.h>
#include <stdlib.h>
int fun(char * str, char * substr)
{
    / * 在此添加程序代码 * /
}
void main()
```

```c
{
    FILE  * wf;
    char str[81],substr[3];
    int n;
    system("CLS");
    printf("输入主字符串:");
    gets(str);
    printf("输入子字符串:");
    gets(substr);
    puts(str);
    puts(substr);
    n=fun(str,substr);
    printf("n=%d\n ",n);
    // ******************************
    wf=fopen("out. dat","w");
    n=fun("asd asasdfg asd as zx67 asd mklo","as");
    fprintf(wf,"%d",n);
    fclose(wf);
    // ******************************
}
```

# 第 3 部分　工程实训篇

## 3.1　工程实训指导

### 3.1.1　工程实训目的

前面已系统介绍了实验操作篇、模拟实战篇。经过第 1 部分的实验操作,学生在掌握基本数据类型及表达式、三种基本控制结构、数组、函数、指针、结构体和文件等基本知识的基础上,能够分析基本的程序设计算法,并编写规范的程序代码,进一步巩固所学的理论知识。第 2 部分为全国计算机等级考试上机操作模拟实战部分,通过完善程序、程序调试和程序设计案例分析,学生能够掌握结构化程序设计的方法,具有良好的程序设计风格;掌握程序设计中简单的数据结构和算法,并能阅读和编写简单的 C 语言程序,具有基本的纠错和调试程序的能力。

工程实训是在学生学习完 C 语言程序设计课程后进行的一次全面的综合设计,可以使学生从软件开发的角度开始思考问题、解决问题,是教学过程中的又一个重要环节。其主要目的是使学生巩固和加深对程序设计语言课程基本知识的理解和应用,进一步掌握程序设计语言编程和程序调试的基本技能,初步培养学生软件开发的能力及团队合作的精神,熟悉软件项目的开发过程,掌握书写程序设计说明文档的方法,提高运用程序设计语言解决实际问题的能力。

### 3.1.2　工程实训要求

C 语言程序设计的工程实训是学生重要的实践环节。不仅要求学生掌握 C 语言程序设计的基本知识,更重要的是培养学生掌握程序设计开发的基本素质、思维方法和技能,为学生综合素质的培养打下坚实基础。

通过分析实训题目的要求,按照软件工程的思想进行需求分析,书写需求规格说明书;对题目进行功能模块划分、总体设计,绘制程序结构图和各个子模块流程图,并完成概要设计说明书;然后对每一个子模块进行详细设计,编写程序代码,调试程序并正确运行,在保证软件便于操作和使用的同时,完成详细设计说明书;最后进行软件测试并提交实训报告。

工程实训可由设计小组共同完成,设计的功能应相对完善,小组各成员全程参与程序构思、基本结构设计、变量设计、函数设计、文件操作等,并完成自己的设计任务。在设计中要综合运用所学内容,顺利调试通过并运行所编制的程序。

### 3.1.3　工程实训内容

日常生活、生产和工作的各个领域几乎都离不开程序设计。本书针对同学们刚学完第一门程序设计语言,设计如下实训项目,并进行详细分析。

**1．学生成绩管理系统**

学生信息包括学号、姓名、三门课程成绩、总分、平均分等。

学生成绩管理系统包括以下功能：学生记录的输入、输出、插入、删除、修改、计算总分及平均分、按成绩排序、成绩查询及统计、数据保存及打开。

**2．通讯录管理系统**

通讯录联系人信息包括姓名、城市、工作单位、电话和 QQ 号等。

通讯录管理系统具有以下功能：联系人信息输入、输出、查询、删除、修改、数据保存、从文件读取数据等。

**3．职工工资管理系统**

职工信息包括职工号、姓名、性别、出生年月、学历、职务、工资、住址、电话等（职工号不重复）。

职工信息管理具有以下功能：录入、输出、查询、删除、修改、数据保存、数据读取等。

**4．俄罗斯方块游戏**

**5．其他软件工程实训项目**

### 3.1.4　工程实训报告

设计完成后，设计小组每个成员完成设计报告，具体包括：

1．给出所选课程设计题目以及本题目具体所要完成的功能要求说明。

2．给出程序清单和程序中包含的变量、函数文字说明。

3．给出设计程序的运行结果（所选择的题目对应的程序运行结果）。

4．设计总结，对所选题目对应程序的运行情况做详细分析，总结本次设计所取得的经验。如果程序未能全部调试通过，则应分析其原因。

5．实训报告要求字数不得少于 3 000 字，介绍整个程序的功能、模块功能及实现的方法（不包括程序清单和程序结果的部分）。

### 3.1.5　工程项目开发过程

与任何事物一样，软件也有一个孕育、诞生、成长、成熟、衰亡的生存过程，一般称其为软件的生命周期。按照软件生命周期思想，可将软件工程项目开发过程分为：制定计划、需求分析、软件设计、编码、测试和运行维护六个阶段。软件工程项目的开发应按照软件工程的思想，有计划、按步骤开发。编码只是软件生命周期中的一个阶段，前期的分析和设计对软件功能的实现有非常重要的作用，而后期的测试和调试进一步保证了软件的质量与可靠性。

一个软件工程项目的开发过程包括：问题的定义及规划、需求分析、概要设计、详细设计、编写代码、测试维护等阶段。

**1．问题的定义及规划**

在做一个项目之前，首先要进行市场调研，并与用户进行交流，了解用户的真实需求。然后根据用户的需要，设计规划软件要实现的基本功能，并确定软件工程项目开发的可行性。这一步在整个的开发流程中是非常重要的，也是最为关键的第一步。

**2．需求分析**

在确定软件工程项目开发可行性的情况下，对软件需要实现的各个功能进行详细需求分析。需求分析阶段是一个很重要的阶段,这一阶段做得好,将为整个软件项目的开发打下良好的基础。

根据用户需求分析能够得到用户视图、数据词典和用户操作手册。用户视图是该软件用户(包括终端用户和管理用户)所能看到的页面样式,包含了很多操作方面的流程和条件。数据词典是指明数据逻辑关系并加以整理的内容。用户操作手册是操作流程的说明书。用户操作流程和用户视图是由用户需求决定的,应在软件设计之前完成,并为以后软件工程项目开发提供了设计依据。

### 3. 概要设计

将系统功能模块初步划分,并给出合理的开发流程和资源要求。这个阶段的任务不是具体地解决问题,而是理解问题和分析问题,确定“为了解决这个问题,目标系统必须做什么”,主要是确定目标系统必须具备哪些功能。

### 4. 详细设计

详细设计是在概要设计的基础上,对每个功能模块中所包含的子功能进行说明。概要设计是决定“做什么”,详细设计是决定“怎样做”。此阶段需要设计算法和重要数据的数据结构,对要解决的问题设计出具体的解决方案,得出对目标系统的精确描述,从而在编码阶段可以把这个描述直接翻译成 C 语言程序。

### 5. 编写代码

此阶段是将软件设计的结果转化为计算机可运行的程序代码。在程序编码中要制定统一、符合标准的编写规范,以保证程序的可读性、易维护性,提高程序的运行效率。

在规范化的开发流程中,编码工作在整个项目流程里最多不会超过 1/2,通常在 1/3 的时间,所谓磨刀不误砍柴功,设计过程完成得好,编码效率就会极大提高。编码时不同模块之间的进度协调和协作是最需要小心的,也许一个小模块的问题就可能影响了整体进度,让很多程序员因此被迫停下工作等待,这种问题在很多研发过程中都出现过。

### 6. 软件测试

软件测试是软件开发过程中相当重要的一个步骤。在软件设计完成之后要进行严密的测试,从而发现整个软件设计过程中存在的问题并加以纠正。整个测试阶段分为单元测试、组装测试、系统测试三个阶段进行。测试方法主要有白盒测试和黑盒测试。

### 7. 程序的运行与维护

这是整个程序开发流程的最后一步。编写程序的目的就是为了应用,在应用的过程中对用户的培训是很重要的,此外,还会涉及到程序的安装、设置等。在程序运行的早期,用户可能会发现在测试阶段没有发现的错误,需要修改。而随着时间的推移,原有程序可能已满足不了需要,这时就需要对程序进行修改甚至升级。因此,维护是一项长期而又重要的工作。

当我们面临的问题逐渐复杂时,解决它的程序规模也相应变大,这也意味着工作量的增大。因此,对于软件工程项目的开发需要多个人员的配合来完成,一种可行的办法是在小组中选出技术力量最强的成员做组长,由组长负责任务的划分和关系的协调。一般来说,对于问题的分析和总体设计,可以通过小组讨论来确定。定义好模块的功能和接口后,让成员分别来实现各个模块内部算法的详细设计,以及各个模块的编码和测试。最后由组长把它们汇总起来,再进行集成测试。

　　对于C语言的初学者,由于没有正式接受系统化开发方法的指导,往往会形成一个错误的认识:程序的开发就是编码。也就是说,拿到问题后,马上就开始写程序。这种做法的不良后果初学者无法体会到,是因为他们所面临的需要解决的问题,无论是规模还是难易程度,实在是太小了。在直接编写程序的过程中,大脑已经让初学者无意识地完成了问题的定义和设计的全过程。但是,这种侥幸的"个体化"做法对于复杂的现实问题的解决,即软件项目的开发是绝对行不通的。相对初学阶段,我们实际上已经可以解决较为复杂的问题了,也就是说已进入软件工程项目的开发阶段。因此,必须从现在开始,树立正确的开发观,为今后专业化开发打好基础。

## 3.2　学生成绩管理系统案例

　　随着科学技术的快速发展和各个学校招生规模的不断扩大,在校生人数不断增加,传统的学生成绩管理方式已无法胜任,计算机信息技术的发展为学生成绩管理提供了系统化、规范化和高效率的管理方式。智能化、信息化的学生信息管理系统可以更方便快捷地统计学生的信息,记录学生的信息,对学生信息的变化及时更新,也便于人们实时了解学生成绩,更好地管理学生并提供指导。

　　为更好地巩固C语言程序设计课程的知识结构,提高同学们的实践应用能力,下面以学生成绩管理系统为例,讲解软件的开发过程。

### 3.2.1　实训目的

1. 熟练掌握C语言数据类型、运算符及基本输入输出方法。
2. 灵活运用结构化程序设计方法解决一般问题。
3. 掌握数组的定义、赋值和数组元素的引用及排序和查找等基本算法。
4. 熟练掌握函数的定义和调用,了解编译预处理命令的功能与使用。
5. 熟练掌握结构体类型数据的概念和使用。
6. 熟练掌握文件的操作方式以及常用函数的使用。

### 3.2.2　实训要求

　　学生成绩管理系统是一个信息化管理软件,能够帮助学校快速录入学生信息,并且对学生的信息进行基本的增加、查询、插入、删除、修改等操作;能够计算学生的总分和平均分;可以根据学生的学号或总分进行排序,查看学生成绩从高到低的新顺序,便于掌握学生的学习状态;可以实时地将学生的信息保存到磁盘文件中。

1. 学生基本信息及成绩录入并保存。
2. 学生记录的查询(按学号或姓名)。
3. 学生记录的更新(修改、删除、插入)。
4. 统计每门课程的成绩(各科成绩的平均分、最高分和不及格人数)。
5. 对学生考试成绩进行排序(按总分排序)。
6. 学生记录的输出(输出到文件或屏幕)。

### 3.2.3　需求分析

本实训项目主要是设计一个学生成绩管理系统,能够实现对学生的学号、姓名和各科成绩的统计、处理和更新,也便于教师对学生成绩进行整体分析。

本系统主要实现以下功能:

1. 系统界面美观、简洁。
2. 能够从磁盘文件读入数据和向磁盘文件写入数据。
3. 能够对学生记录及信息实现增加、修改、删除等操作。
4. 能够对学生信息分类检索。
5. 能够对学生的成绩进行排序。
6. 能够统计每门课程的最高分、平均分及不及格学生人数等。

### 3.2.4　总体设计

**1. 主要功能模块设计**

经过需求分析,学生成绩管理系统由以下功能模块组成:输入学生信息模块、查询学生信息模块、更新学生信息模块、统计功能模块、排序功能模块及显示记录模块等,学生成绩管理系统主要功能结构图如图 3-1 所示。

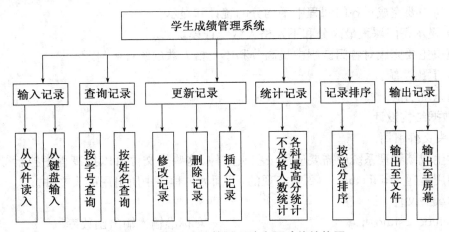

**图 3-1　学生成绩管理系统主要功能结构图**

(1) 输入学生记录模块。

完成将学生数据存入结构体数组中。本系统中输入记录可以从二进制文件形式存储的数据文件中读入,也可以从键盘一个一个输入学生记录。学生记录由学生基本信息(学号和姓名)及学生成绩信息(高数、英语、C 语言)构成。

(2) 查找学生记录模块。

完成按学号或姓名查找满足条件的学生记录(此处以学号查找为例,以姓名查找与此类似)。

(3) 删除学生记录模块。

完成对指定学生(按学号)记录的信息删除,找到要删除学生的学号,可将此条记录删除,删除成功后将数据重新保存;若没有找到,则提示没有该学号的学生,不能删除。

（4）修改学生记录模块。

完成对指定学生（按学号）记录的信息修改，找到要修改学生的学号，可以进行其他数据项的修改，修改成功后将修改后的信息重新保存；若没有找到，则提示没有该学号的学生，不能修改。

（5）插入学生记录模块。

完成在指定学生（按学号）记录后面插入新的记录。首先找到要插入的位置（已存在的学号），若要插入位置的学号已存在，移位后插入新的记录，插入时要保证学号不能与已有的学号相同。若要插入位置的学号不存在，则将新插入的记录添加到最后一条记录，插入成功后将信息重新保存。

（6）排序功能模块。

本模块可实现两种方式排序，一是按 3 门课程总分降序排列，二是按学号顺序升序排列。

（7）统计功能模块。

本模块主要完成对班级人数的统计。

（8）输出记录模块。

本模块可实现将学生信息以列表形式显示在屏幕上，便于查看每次修改后的结果。

（9）显示每门课程平均分模块。

本模块主要完成对各门课程中平均分的统计和显示。

（10）显示每门课程最高分和不及格人数统计模块。

本模块主要完成对各门课程中最高分和不及格人数的统计和显示。

（11）退出系统。

退出系统功能。

**2. 数据结构设计**

（1）头文件引用。

在学生成绩管理系统中需要应用一些头文件，这些头文件可以提高程序执行效率。头文件的引用是通过 #include 命令来实现的，下面为本程序中所引用的头文件。

```
//加载头文件
#include<stdio. h>                  //标准输入输出函数库
#include<stdlib. h>                 //标准函数库
#include<conio. h>                  //屏幕函数库
#include<dos. h>                    //系统接口函数库
#include<string. h>                 //字符串函数库
```

（2）宏定义。

宏定义以一个标识符替换字符文本的方式，可以一个简单的名字替代长字符串，减少重复劳动，使程序更加简洁，也提高程序的执行效率。学生成绩管理系统中定义了数组长度、结构体类型的长度、输出的格式控制部分及结构体类型的数组引用成员的输出列表。

```
#define N 50                        //定义数组长度,便于维护
#define LEN sizeof(struct student)  //定义结构体类型的长度
//输出的格式控制部分
```

```
#define FORMAT "%-8d%-15s%-10.1lf%-10.1lf%-10.1lf%-10.1lf%-10.1lf\n"
```

//结构体类型的数组引用成员的输出列表

```
#define DATA stu[i].num,stu[i].name,stu[i].math,stu[i].eng,stu[i].clan,
            stu[i].sum,stu[i].avg
```

（3）全局变量定义。

定义全局变量，计算每门课程的平均分、最高分及不及格人数统计。

| | |
|---|---|
| double engavg=0.0; | //英语平均分 |
| double mathavg=0.0; | //高数平均分 |
| double clangavg=0.0; | //C 语言平均分 |
| double maxeng; | //英语最高分 |
| double maxmath; | //高数最高分 |
| double maxclang; | //C 语言最高分 |
| int engnopasscount=0; | //英语不及格人数 |
| int mathnopasscount=0; | //高数不及格人数 |
| int clangnopasscount=0; | //C 语言不及格人数 |

（4）学生成绩信息结构体。

由于学生信息由多个不同数据类型的成员组成，此处定义了学生结构体数据类型，并定义了结构体类型数组，用于存储学生的基本信息。为了简化程序，这里只显示 3 门成绩，其字段含义见右部注释。

//定义学生信息结构体

| | |
|---|---|
| struct student | |
| { int num; | //学号 |
| char name[15]; | //姓名 |
| double math; | //高数成绩 |
| double eng; | //英语成绩 |
| double clan; | //C 语言成绩 |
| double sum; | //学生总分 |
| double avg; | //学生平均分 |
| }; | |

//定义结构体数组

```
struct student stu[N];
```

**3. 函数功能描述**

对各个功能模块的函数进行声明，具体功能见右部注释。

| | |
|---|---|
| void input(); | //录入学生成绩信息 |
| void show(); | //显示学生信息 |
| void order(); | //排序 |
| void order1(); | //按学号由低到高排序 |
| void order2(); | //按总分由高到低排序 |

```
void del();                          //删除学生成绩信息
void modify();                       //修改学生成绩信息
void menu();                         //主菜单
void insert();                       //插入学生信息
void total();                        //计算总人数
void search();                       //查找学生信息
void scoreavg();                     //计算每门课程的平均分
void scoremaxandnopasscount();       //计算每门课程的最高分及不及格人数
```

### 3.2.5 主函数设计

**1. 主函数功能概述**

在学生成绩管理系统中的 main() 主函数主要实现了调用 menu() 函数,显示主功能选择菜单,每个功能前面有不同数字,选择不同数字可执行相应功能。在 switch 分支选择结构中调用各个子函数实现对学生信息的输入、查询、修改、删除、插入、排序、统计、显示等功能。学生成绩管理系统主界面如图 3-2 所示。

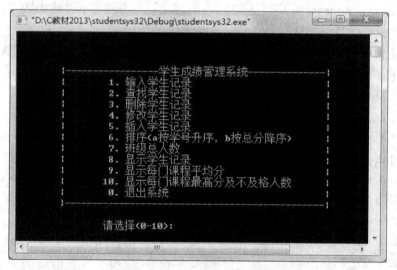

**图 3-2　学生成绩管理系统主界面**

**2. 主函数功能实现**

运行学生成绩管理系统,首先进入主功能菜单选择界面,此处列出程序中的所有功能以及如何调用相应的功能等,用户可以根据需要输入想要执行的功能,然后调用子功能。在显示主功能菜单的函数 menu() 中使用了 printf() 函数控制输出的文字或特殊字符。当输入相应数字后,程序会根据该数字调用不同的函数,具体数字表示的功能见表 3-1所示。

表 3 - 1 主菜单中数字所表示的功能

| 编号 | 功能 | | 调用函数 | |
|---|---|---|---|---|
| 1 | 输入学生记录 | | input() | |
| 2 | 查找学生记录 | | search() | |
| 3 | 删除学生记录 | | del() | |
| 4 | 修改学生记录 | | modify() | |
| 5 | 插入学生记录 | | insert() | |
| 6 | 排序 | a 按学号升序 | order() | order1() |
| | | b 按总分降序 | | order2() |
| 7 | 班级总人数 | | total() | |
| 8 | 显示学生记录 | | show() | |
| 9 | 显示每门课程平均分 | | scoreavg() | |
| 10 | 显示每门课程最高分及不及格人数 | | scoremaxandnopasscount() | |

函数 menu() 的实现代码如下：

```
void menu()                          //自定义函数实现菜单功能
{
    system("cls");                        //清除屏幕
    printf("\n\n\n");
    printf("\t|--------------学生成绩管理系统--------------|\n");
    printf("\t|\t 1. 输入学生记录                |\n");
    printf("\t|\t 2. 查找学生记录                |\n");
    printf("\t|\t 3. 删除学生记录                |\n");
    printf("\t|\t 4. 修改学生记录                |\n");
    printf("\t|\t 5. 插入学生记录                |\n");
    printf("\t|\t 6. 排序(a 按学号升序,b 按总分降序)    |\n");
    printf("\t|\t 7. 班级总人数                  |\n");
    printf("\t|\t 8. 显示学生记录                |\n");
    printf("\t|\t 9. 显示每门课程平均分            |\n");
    printf("\t|\t10. 显示每门课程最高分及不及格人数   |\n");
    printf("\t|\t 0. 退出系统                    |\n");
    printf("\t|--------------------------------------|\n\n");
    printf("\t\t 请选择(0-10):");
}
```

主函数 main() 的实现代码如下：

```
void main()                      // 主函数
{
```

```
int sel;
menu();                        //调用菜单界面
scanf("%d",&sel);              //输入选择功能的编号
while(sel)
{
    switch(sel)
    {
        case 1: input(); break;
        case 2: search(); break;
        case 3: del(); break;
        case 4: modify(); break;
        case 5: insert(); break;
        case 6: order(); break;
        case 7: total(); break;
        case 8: show(); break;
        case 9: scoreavg(); break;
        case 10: scoremaxandnopasscount(); break;
        default: break;
    }
    getch();
    menu();                                    //执行完功能再次显示菜单界面
    scanf("%d",&sel);
}
```

### 3.2.6　详细设计

**1. 输入学生记录模块**

（1）输入模块功能概述。

在学生成绩管理系统中输入学生记录模块，主要用于根据提示信息将学生的学号、姓名、高数、英语、C 语言成绩依次输入，并自动计算学生的总成绩和平均成绩。一条记录输入完成后，可根据提示是否继续输入，若不再输入，按任意键回到主菜单。输入完成后将学生信息保存到磁盘文件中。

运行系统，在功能选择界面中输入 1，即可进入输入学生记录状态。当磁盘文件有存储记录时，可以向文件中添加学生信息；当磁盘文件中没有学生信息记录时，系统会提示没有记录，然后根据提示决定是否输入学生信息。输入学生记录界面如图 3-3 所示。

（2）技术分析。

通常情况下，无论是从键盘上输入数据，还是程序运行产生的结果，都会随着运行结果的结束而丢失。在学生成绩管理系统中需要保留学生的数据，当程序运行结束时，关闭程序，学生数据不丢失。在该系统中采用文件来实现数据的保留。以下是输入学生信息模块

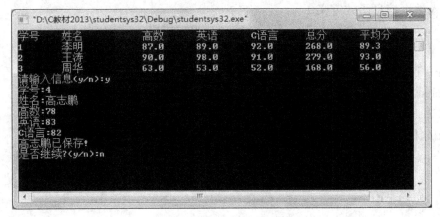

**图 3 - 3　输入学生记录界面**

中对文件的操作。

① 打开文件

对磁盘文件进行操作前需要先打开文件：

```
FILE  * fp;                                    //定义文件指针
    if((fp=fopen("data. txt","rb"))==NULL)       //以追加方式打开指定文件
    {
        printf("文件不能打开! \n");
        return;
    }
```

② 文件操作

当成功打开文件后，需要测试文件指针是否在文件尾部，若不在文件尾部，可以读取文件中的数据。

```
while(! feof(fp))                       //测试文件指针是否在文件尾
{
    if(fread(&stu[m],LEN,1,fp)==1)   //从文件中读取数据赋值给结构体数组
    m++;                             //统计当前记录条数
}
```

③ 关闭文件

```
fclose(fp);
```

对指定的磁盘文件进行写操作与读操作相同，都是将结构体数组中指定长度的字符写到文件中，代码如下：

```
fwrite(&stu[i],LEN,1,fp);              //向指定的磁盘文件写入信息
```

（3）功能实现。

在输入学生记录模块中需要将学生的信息进行保存，当程序运行结束时，之前输入的信息仍然保留。因此，在此模块中用文件实现读写操作，把每次输入的信息保存到磁盘文件中。当下次运行程序时，可以从磁盘文件中将存储的数据读出并显示。

实现输入学生记录模块的代码如下：

```
//输入学生信息函数定义
void input()
{
    int i,m=0;                              //m 是记录的条数
    char ch[2];
    FILE * fp;                              //定义文件指针
    if((fp=fopen("data. txt","rb"))==NULL)//打开指定文件
    {
        printf("文件不能打开! \n");
        return;
    }
    while(! feof(fp))
    {
        if(fread(&stu[m],LEN,1,fp)==1)      //从文件中读取数据存入数组 stu 中
        m++;                                //统计当前记录条数
    }
    fclose(fp);
    if(m==0)
        printf("没有记录! \n");
    else
    {
        system("cls");
        show();                             //调用 show 函数,显示原有学生信息
    }
    if((fp=fopen("data. txt","wb"))==NULL)
    {
        printf("文件不能打开\n");
        return;
    }
    for(i=0;i<m;i++)
        fwrite(&stu[i],LEN,1,fp);   //向指定的磁盘文件写入信息
    printf("请输入信息(y/n):");
    scanf("%s",ch);
    while(strcmp(ch,"Y")==0||strcmp(ch,"y")==0)   //判断是否要录入新信息
    {
        printf("学号:");
        scanf("%d",&stu[m]. num);                 //输入学生学号
        for(i=0;i<m;i++)
            if(stu[i]. num==stu[m]. num)
```

```
                {
                        printf("该学号已存在,按任意键继续!");
                        getch();
                        fclose(fp);
                        return;
                }
        printf("姓名:");
        scanf("%s",stu[m].name);                //输入学生姓名
        printf("高数:");
        scanf("%lf",&stu[m].math);              //输入高数成绩
        printf("英语:");
        scanf("%lf",&stu[m].eng);               //输入英语成绩
        printf("C 语言:");
        scanf("%lf",&stu[m].clan);              //输入 C 语言成绩
                                                //计算学生的总成绩
        stu[m].sum=stu[m].math+stu[m].eng+stu[m].clan;
        stu[m].avg=stu[m].sum/3.0;              //计算每个学生的平均成绩
                                                //将新录入的信息写入指定的磁盘文件
        if(fwrite(&stu[m],LEN,1,fp)!=1)
        {
                printf("不能保存!");
                getch();
        }
        else
        {
                printf("%s 已保存! \n",stu[m].name);
                m++;
        }
        printf("是否继续? (y/n):");           //询问是否继续输入
        scanf("%s",ch);
        }
        fclose(fp);
}
```

## 2. 查询学生记录模块

（1）查询模块功能概述。

查询学生记录模块的主要功能是根据输入的学生学号,对学生信息进行搜索。若查找到该学生,则选择是否显示该学生信息;若未找到,则输出相应提示。

在主界面菜单中选择 2,进入查询功能,查询运行效果如图 3-4 所示。

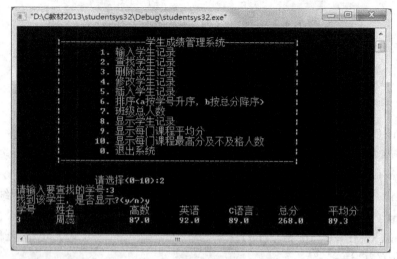

图 3－4　查询学生记录界面

（2）功能实现。

由于学生的信息都及时存储到磁盘文件中，因此，想要查找学生的信息首先需要打开文件，读取文件中的数据，再关闭文件。根据输入的信息查找学生的学号进行信息匹配，当找到指定学号的学生时，提示是否显示该学生信息。

实现查询学生记录模块的代码如下：

```c
//查找指定学号学生
void search()                              //自定义查找函数
{
    FILE * fp;
    int snum,i,m=0;
    char ch[2];
    if((fp=fopen("data.txt","rb"))==NULL)
        { printf("文件不能打开\n");return;}
    while(! feof(fp))
    if(fread(&stu[m],LEN,1,fp)==1) m++;
    fclose(fp);
    if(m==0) {printf("没有记录！\n");return;}
    printf("请输入要查找的学号:");
    scanf("%d",&snum);
    for(i=0;i<m;i++)
        if(snum==stu[i].num)                //查找输入的学号是否在记录中
            {
                printf("找到该学生,是否显示？(y/n)");
                scanf("%s",ch);
                if(strcmp(ch,"Y")==0||strcmp(ch,"y")==0)
```

```
            {
                printf("学号      姓名       高数      英语      C语言      总分
                平均分\t\n");
                printf(FORMAT,DATA);//将查找出的结果按指定格式输出
                break;
            }
        }
    if(i==m) printf("没有找到该学生！\n");        //未找到要查找的信息
}
```

### 3. 删除学生记录模块

(1) 删除模块功能概述。

删除学生记录模块的主要功能是从磁盘文件中将学生信息读取出来,从读出的信息中查找到将要删除学生的学号,若找到该学号的学生,则将此后的数组元素前移一位,并删除该学生的记录;若没有该学号学生,则给出"没有找到该学号的学生,无法删除！"的提示。操作完成后,将更改后的信息再次写入磁盘文件中。

在主界面菜单中选择 3,就进入删除功能。删除记录的运行效果如图 3-5 所示。

**图 3-5　删除学生记录界面**

(2) 功能实现。

首先打开文件,读取文件中的数据。根据输入的学生学号,将其与文件中读取出来的学生学号进行匹配查找。当查找到与该学号匹配的学生信息时,根据提示,输入是否删除该学生信息。若进行删除操作,操作完成后需将删除后的学生信息重新写入磁盘文件。

实现删除学生记录模块的代码如下:

```
//删除指定学号的学生记录
void del()                              //自定义删除函数
{
```

```c
FILE * fp;
int snum,i,j,m=0;
char ch[2];
if((fp=fopen("data. txt","rb"))==NULL)
{
    printf("文件不能打开\n");
    return;
}
while(! feof(fp))
    if(fread(&stu[m],LEN,1,fp)==1) m++;
fclose(fp);
if(m==0)
{
    printf("没有记录! \n");
    return;
}
printf("请输入学生学号:");
scanf("%d",&snum);
for(i=0;i<m;i++)
    if(snum==stu[i]. num) break;
if(i<m)
{
    printf("找到该学生,是否删除? (y/n)");
    scanf("%s",ch);
    if(strcmp(ch,"Y")==0||strcmp(ch,"y")==0)  //判断是否要进行删除
    for(j=i;j<m;j++)
        stu[j]=stu[j+1]; //将后一个记录移到前一个记录的位置
    m--;                              //记录的总个数减 1
    printf("成功删除! \n");
}
else
    printf("没有找到该学号的学生,无法删除!");
if((fp=fopen("data. txt","wb"))==NULL)
{
    printf("文件不能打开\n");
    return;
}
for(j=0;j<m;j++)            //将更改后的记录重新写入指定的磁盘文件中
    if(fwrite(&stu[j] ,LEN,1,fp)! =1)
```

```
            {
                printf("文件不能保存！\n");
                getch();
            }
        fclose(fp);
    }
```

### 4. 修改学生记录模块

（1）修改模块功能概述。

首先从磁盘文件中将学生信息读取出来，从读出的信息中查找到将要修改学生的学号，若找到该学号的学生，则重新输入姓名及三门课程的成绩，并计算总分和平均分；若没有该学号学生，则输出"没有找到该学号的学生，无法修改！"的提示。操作完成后，将更改后的信息再次写入磁盘文件中。

在主界面菜单中选择 4，就进入修改功能。修改记录的运行效果如图 3-6 所示。

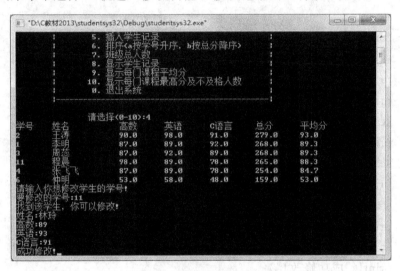

图 3-6　修改学生记录界面

（2）功能实现。

首先打开文件，读取文件中的数据。根据输入的学生学号，将其与文件中读取出来的学生学号进行匹配查找，当查找到与该学号匹配的学生信息时，可以修改该学生的信息。操作完成后需将修改后的学生信息重新写入磁盘文件。

```
//修改学生信息
void modify()                          //自定义修改函数
{
    FILE  * fp;
    int i,j,m=0,snum;
    if((fp=fopen("data. txt","rb"))==NULL)
        { printf("文件不能打开\n");return;}
    while(! feof(fp))
```

```
        if(fread(&stu[m],LEN,1,fp)==1) m++;
    if(m==0) {printf("没有记录！\n");
    fclose(fp);
    return;
    }
    show();
    printf("请输入你想修改学生的学号！\n");
    printf("要修改的学号:");
    scanf("%d",&snum);
    for(i=0;i<m;i++)
    {
        if(snum==stu[i].num)            //检索记录中是否有要修改的信息
            break;
    }
    if(i<m)
    {
        printf("找到该学生,你可以修改！\n");
        printf("姓名:");
        scanf("%s",stu[i].name);            //输入名字
        printf("高数:");
        scanf("%lf",&stu[i].math);          //输入高数成绩
        printf("英语:");
        scanf("%lf",&stu[i].eng);           //输入英语成绩
        printf("C语言:");
        scanf("%lf",&stu[i].clan);          //输入C语言成绩
        printf("成功修改!");
        stu[i].sum=stu[i].math+stu[i].eng+stu[i].clan;
        stu[i].avg =stu[i].sum/3.0;
    }
    else
        printf("没有找到该学生,你不能修改！\n");
    if((fp=fopen("data.txt","wb"))==NULL)
    {
        printf("文件不能打开\n");return;
    }
    for(j=0;j<m;j++)        //将新修改的信息写入指定的磁盘文件中
        if(fwrite(&stu[j],LEN,1,fp)! =1)
        { printf("不能保存!");getch(); }
    fclose(fp);
```

}

**5. 插入学生记录模块**

（1）插入学生记录模块功能概述。

插入学生记录模块的主要功能是在需要的位置插入新的学生信息，输入 5 时，进入插入学生记录功能，运行效果如图 3 - 7 所示。

**图 3 - 7　插入学生记录界面**

（2）功能实现。

该操作实现在指定学号的后面位置插入新的学生记录的功能。首先，读取文件中的数据，输入需要插入的位置（学生学号），若该学号不存在，则提示"要插入学号的位置不存在，可以加在最后！"，输入需要增加的学生信息，学号不能与已有的相同，若相同，给出相应提示，否则提示输入其他学生信息，修改后保存到文件。

插入学生记录模块参考代码如下：

```c
//在指定位置插入记录
void insert()                           //自定义插入函数
{
    FILE * fp;
    int i,j,k,m=0,snum,newnum;
    if((fp=fopen("data. txt","rb"))==NULL)      //打开文件
    {
        printf("文件不能打开\n");
        return;
    }
```

```
while(! feof(fp))    //文件指针不在末尾,读取文件中的数据到结构体数组
    if(fread(&stu[m],LEN,1,fp)==1) m++;
if(m==0)                         //文件中没有记录
{
    printf("没有记录！\n");
    fclose(fp);
    return;
}
printf("请输入你想插入的位置！(输入学号)\n");
scanf("%d",&snum);                  //输入要插入的位置
for(i=0;i<m;i++)                    //判断插入的学号位置是否存在
    if(snum==stu[i].num)   break;
if(i<m)
{
    for(j=m-1;j>i;j--)
        stu[j+1]=stu[j];            //从最后一条记录开始均向后移一位
    printf("现在请输入新的信息\n");
    printf("学号:");
    scanf("%d",&newnum);
    for(k=0;k<m;k++)
        if(stu[k].num==newnum)
                          //新输入的学号若已存在 ,则不能输入信息
        {
            printf("该学号已存在,按任意键继续!");
            getch();
            fclose(fp);
            return;
        }
    stu[i+1].num=newnum;
    printf("姓名:");
    scanf("%s",stu[i+1].name);
    printf("高数:");
    scanf("%lf",&stu[i+1].math);
    printf("英语:");
    scanf("%lf",&stu[i+1].eng);
    printf("C语言:");
    scanf("%lf",&stu[i+1].clan);
    stu[i+1].sum=stu[i+1].math+stu[i+1].eng+stu[i+1].clan;
    stu[i+1].avg=stu[i+1].sum/3.0;
```

```
                printf("插入成功,按任意键返回!");
                getch();
        }
        else
        {
            printf("插入的位置不正确,按任意键返回!");
            getchar();
        }

        if((fp=fopen("data.txt","wb"))==NULL)
        {
            printf("文件不能打开\n");
            return;
        }
        for(k=0;k<=m;k++)
            if(fwrite(&stu[k],LEN,1,fp)! =1)    //将修改后的记录写入磁盘文件中
            {
                printf("文件不能保存!");
                getch();
            }
        fclose(fp);
}
```

### 6. 排序功能模块

（1）排序功能模块概述。

排序功能模块可以实现按学生学号升序排列和按学生的总分进行降序排列的功能,排序后的信息写入到磁盘文件中。

在主界面中输入 6 后进入排序功能,接着提示输入 a 或 b 进行选择,按总分排序后的运行效果如图 3-8 所示。

（2）算法分析。

对于学生成绩排序,主要采用数组进行比较排序。常用排序算法有选择法、冒泡法、插入法和折半法等。此处采用相对简单的选择法按学生总分进行比较并交换。选择法排序和冒泡法排序都是正序时快,逆序时慢,排列有序数据时效果最好。

（3）排序函数功能实现。

本函数实现了按两种方式排序,通过用户选择不同的字母实现不同调用。参考程序代码如下:

```
void order()                            //排序函数
{
    char sel[2];
    void order1();
```

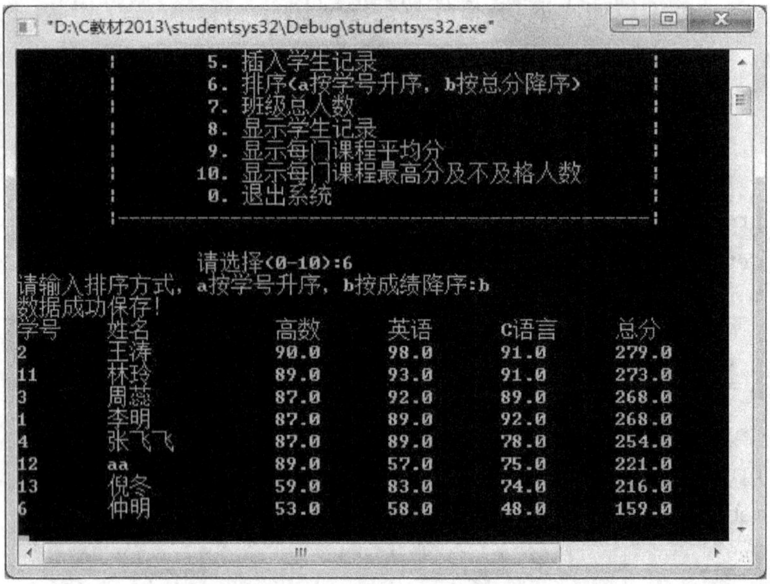

**图 3 - 8　修改学生记录界面**

```
void order1();
printf("请输入排序方式,a 按学号升序,b 按成绩降序:");
scanf("%s",sel);
if(strcmp(sel,"a")==0)
{
    order1();
    getchar();
}
else if(strcmp(sel,"b")==0)
{
    order2();
    getchar();
}
else
    return;
}
```

(3) 按总分降序排列函数功能实现。

读取文件中的数据,将其按总分进行降序排列(交换法),修改后的数据保存到文件中。
排序核心参考代码如下所示:

```
//按总分由高到低排序
for(i=0;i<m-1;i++)
    for(j=i+1;j<m;j++)                //二重循环实现成绩比较并交换
        if(stu[i].sum<stu[j].sum)
```

```
    {
        t＝stu[i];
        stu[i]＝stu[j];
        stu[j]＝t;
    }
```

### 7. 统计学生人数

在统计学生记录中,显示班级记录条数,即学生人数。通过记录条数的变量 m,显示班级人数。

### 8. 显示学生记录

打开文件后,按指定格式输出学生信息,参考程序代码如下:

```c
//输出学生信息函数定义
void show()
{
    FILE  * fp;
    int i,m＝0;
    fp＝fopen("data. txt","rb");
    while(! feof(fp))
    {
        if(fread(＆stu[m] ,LEN,1,fp)＝＝1)
            m＋＋;
    }
    fclose(fp);
    printf("学号    姓名    高数    英语    C语言    总分    平均分\t\n");
    for(i＝0;i＜m;i＋＋)
    {
        printf(FORMAT,DATA);            //将信息按指定格式打印
    }
}
```

### 9. 显示每门课程平均分

(1) 功能概述。

通过全局变量,计算每门课程平均分。显示每门课程平均分界面如图 3-9 所示。

(2) 功能实现。

完成计算平均分的部分程序代码如下:

```c
for(i＝0;i＜m;i＋＋)
    {
        mathavg＝mathavg＋stu[i]. math;        //浮点型全局变量 mathavg
        engavg＝engavg＋stu[i]. eng;
        clangavg＝clangavg＋stu[i]. clan;
    }
```

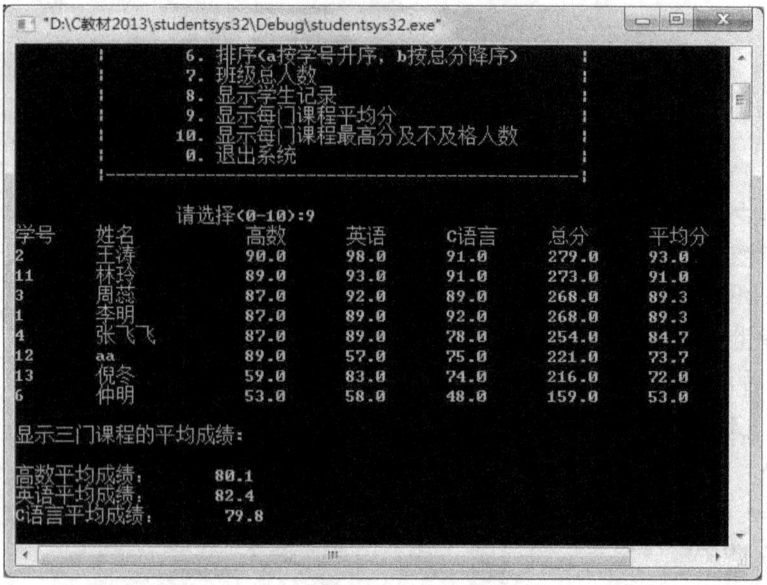

图 3 – 9   统计各门课程平均分界面

mathavg＝mathavg/m；

engavg＝engavg/m；

clangavg＝clangavg/m；

**10. 显示每门课程最高分和不及格人数**

（1）功能概述。

通过全局变量，计算每门课程最高分和不及格人数。在主界面中输入 10，即可显示每门课程最高分和不及格人数，界面如图 3 – 10 所示。

图 3 – 10   统计各门课程最高分及不及格人数界面

（2）功能实现。

完成各门课程最高分和不及格人数的部分程序代码如下：

```
maxeng＝maxmath＝maxclang＝0;
for(i＝0;i＜m;i＋＋)
{
    if(stu[i].math＞maxmath) maxmath＝stu[i].math;
    if(stu[i].eng＞maxeng) maxeng＝stu[i].eng;
    if(stu[i].clan＞maxclang) maxclang＝stu[i].clan;
    if(stu[i].eng＜60) engnopasscount＋＋;
    if(stu[i].math＜60) mathnopasscount＋＋;
    if(stu[i].clan＜60) clangnopasscount＋＋;
}
```

### 3.2.7　小结

通过学生成绩管理系统的开发，介绍了利用 C 语言开发一个简单应用系统的一般步骤、设计思路及编程实现，有助于读者进一步熟悉 C 语言中的结构化程序设计、数组、函数、指针、文件和结构体类型，从而为后续课程打好基础。

利用本学生成绩管理系统可以实现对学生成绩进行日常维护和管理，有兴趣的读者，可以进一步对程序功能进行扩展和完善，也可以使用不同的方法来实现，使程序功能更加全面，界面更加友好。

## 3.3　通讯录管理系统案例

### 3.3.1　实训目的

1. 巩固 C 语言的基本语法，掌握函数设计方法和结构化设计思想。
2. 掌握结构体数组的定义和使用。
3. 掌握指针的定义和使用，熟悉动态内存分配函数的使用。
4. 掌握将结构体数据写入文件或从文件中读取结构体数据的方法。
5. 掌握链表的概念及应用。
6. 了解通讯录管理过程中所需要处理的信息及相关处理方法。

### 3.3.2　实训要求

通过用所学的 C 语言知识设计一个简易通讯录程序，具有添加（输入）、查询、存储、读取、删除等功能。通讯录数据结构由姓名、所在城市、工作单位、电话号码、QQ 号等组成。姓名可以由字符和数字混合编码，电话号码可以由数字字符串组成。支持基本的输入、删除、显示、查找、修改和文件读写等功能。编写程序实现对通讯录的管理，主要应实现以下功能：

1. 通讯录编辑（添加、删除）。
2. 按不同的项进行查找（此处以姓名查找为例）。

3. 已存在的通讯录信息输出。

4. 将通讯录信息写入文件。

5. 从文件中读取通讯录信息。

### 3.3.3　需求分析

1. 分析通讯录中数据的构成,并抽象成数据类型。

2. 分析通讯录管理中应该具备的功能:输入、输出、查询、修改、显示等;并设计相应的函数以实现该功能。

3. 完成对数据的存盘和读取,用函数的形式来确立数据保存与读取的任务。

4. 设计并模拟菜单功能,单独设计实现具有菜单功能的函数,并有足够的提示信息。

5. 设计主函数用来测试所有功能。

### 3.3.4　总体设计

**1. 主要功能模块设计**

(1) 输入功能。

能通过键盘输入通讯录数据,并保存到文件。要求随时都能使用该项功能实现记录输入。一次可以输入一条记录,也可以输入多条记录。所谓一条记录,是指通讯录中一个人员的完整信息。

(2) 显示功能。

能显示通讯录存储的记录信息。

(3) 查询功能。

能查询通讯录信息。要求至少提供两种查询方式,如按照姓名查询、按所在城市查询。任何一种查询都要有明确的查询结果。

(4) 修改功能。

能对通讯录存储的信息进行修改。

(5) 删除功能。

能对通信录的信息进行删除。要求以记录为单位删除,既能一次删除一条记录,也能一次删除多条记录。

(6) 保存功能。

能将记录保存在任何自定义的文件中。

(7) 读取功能。

能将保存在文件中的记录读取出来,并在屏幕上显示。

(8) 退出系统。

通讯录管理结束后,能够正常退出。

**2. 数据结构设计**

(1) 头文件引用。

常用头文件参见学生成绩管理系统中的头文件。

(2) 宏定义。

＃define N 50　　　　　　　　　　//定义数组长度,便于维护

```
#define LEN sizeof(struct Info)        //定义结构体类型的长度
#define HEADER1 "--------------------------------------------------通信录管理系
统------------------------- \n"
#define HEADER2 "|姓 名  |   城  市  |      工作单位       |     电话号码
  |     QQ号      \n"
#define HEADER3 "|----  ----|----------|-------------------|------------|----------
  |\n"
```

//输出的格式控制部分
```
#define FORMAT "|%-12s|%-12s|%-20s|%-15s|%-15s|\n"
```
//结构体类型的数组引用成员的输出列表
```
#define DATA p->data. name, p->data. city, p->data. company, p->data.
tel, p->data. qq
```
(3) 结构体类型定义。
```
typedef struct Info
{
    char name[10];                //姓名
    char city[10];                //所在城市
    char company[20];             //工作单位
    char tel[15];                 //电话号码
    char qq[15];                  //QQ号
}Telbook;                         //定义结构体类型
Telbook per[N], * p;              //定义结构体数组
```
(4) 链表结点类型定义。
```
typedef struct node              //定义通讯录链表的结点结构
{
    Telbook data;
    struct node * next;
}Node, * link;
```

### 3. 函数功能描述

主要功能模块函数功能见右边注释。
```
void menu();                     //主菜单
void printheader();              //打印表头
void input(link l);              //输入记录
void del(link l);                //删除记录
void display(Node * p);          //显示某一个结点信息
void search(link l);             //查找某个联系人是否在链表中
void list(link l);               //输出链表中的每个结点数据
void save(link l);               //将链表中的数据保存到文件中
```

void load(link l);　　　　　　　　　　　　　//从文件中读取数据到链表中

### 3.3.5　详细设计

**1. main( )函数**

（1）功能概述。

通讯录管理主函数，实现程序功能的主菜单显示，通过各功能函数的调用，实现整个程序的功能控制。程序运行结果如图 3-11 所示。

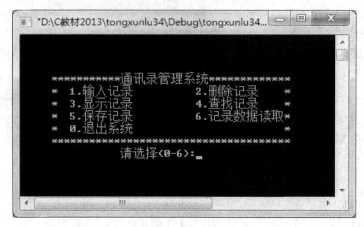

**图 3-11　主功能选择界面**

（2）主函数中的函数调用。

运行通讯录管理系统，进入菜单选择界面，当输入相应数字后，程序会根据该数字调用不同的函数，具体数字表示的功能见表 3-2 所示。

**表 3-2　主菜单中数字所表示的功能**

| 编号 | 功能 | 调用函数 |
|---|---|---|
| 1 | 输入记录 | input(link l) |
| 2 | 删除记录 | del(link l) |
| 3 | 显示记录 | list(link l) |
| 4 | 查找记录 | search(link l) |
| 5 | 保存记录 | save(link l) |
| 6 | 记录数据读取 | load(link l) |

（3）代码实现。

主函数参考代码如下：

```
void main()
{
link l;
int sel;
l=(Node * )malloc(sizeof(Node));                //动态内存分配,申请结点空间
```

```
if(! l)
{
    printf("\n 分配内存失败! ");              //如没有申请到,输出提示信息
    return ;                              //返回主界面
}
l->next=NULL;
system("cls");
menu();                                  //调用菜单界面
scanf("%d",&sel);                        //输入选择功能的编号
    while(sel)
    { switch(sel)                        //根据选择的不同数字执行不同功能
        { case 1:input(l);break;
          case 2:del(l);break;
          case 3:list(l);break;
          case 4:search(l);break;
          case 5:save(l);break;
          case 6:load(l);break;
          case 0:exit(0);
        }
    getch();
    menu();                              //执行完功能再次显示菜单界面
    scanf("%d",&sel);
    }
}
```

**2. 输入记录模块**

(1) 功能概述。

在主功能菜单的界面中输入 1,即可进入通讯录输入状态,如果没有数据,会显示相应提示信息,并询问用户是否输入。

函数原型:void input(link l)。输入记录录数,它实现通讯录数据的键盘输入。如果用户一次需要输入大量信息,可以一直按下回车进行录入,直到将姓名输入为 0 结束,输入界面如图 3-12 所示。

(2) 技术分析。

首先通过定义链表类型结点和动态分配内存为数据存储作准备。输入数据后依次存入链表中。

(3) 代码实现。

输入记录的参考程序代码如下:

```
//输入记录函数
void input(link l)                        //输入记录
{
```

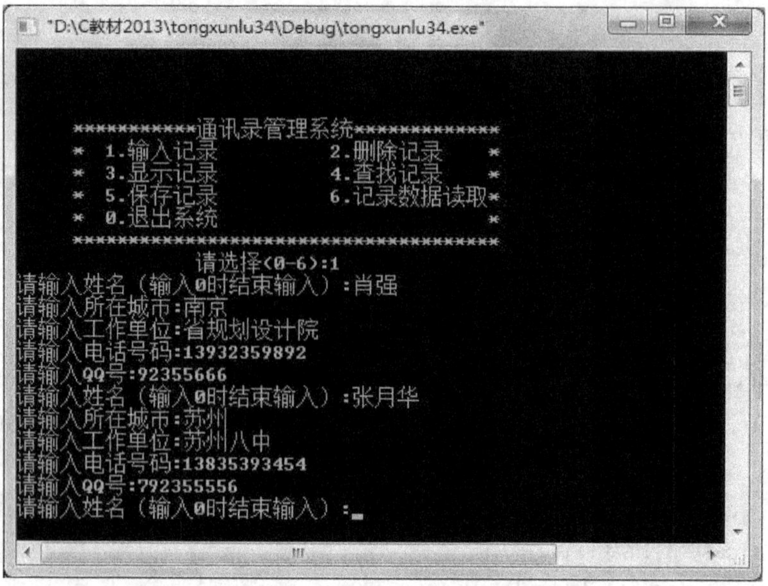

图 3 - 12　通讯录输入界面

```
Node * p, * q;
char sname[10];
q=1;
while(1)
{
    p=(Node * )malloc(sizeof(Node));    //申请结点空间
    if(! p)                              //未申请成功输出提示信息
    {
        printf("内存分配失败! \n");
        return;
    }
    printf("请输入姓名(输入 0 时结束输入):"); //输入姓名
    scanf("%s",sname);
    if(strcmp(sname,"0")==0)             //检测输入的姓名是否为 0
        break;
    strcpy(p->data. name,sname);
    printf("请输入所在城市:");            //输入所在城市
    scanf("%s",p->data. city);
    printf("请输入工作单位:");            //输入工作单位
    scanf("%s",p->data. company);
    printf("请输入电话号码:");            //输入电话号码
    scanf("%s",p->data. tel);
    printf("请输入 QQ 号:");              //输入 QQ 号
```

```
        scanf("%s",p->data.qq);
        p->next=NULL;
        q->next=p;
        q=p;
    }
}
```

### 3. 删除记录模块

（1）功能概述。

删除通讯录某条记录的实现方法是：在主功能菜单中选择2，用于实现删除功能。程序提示用户输入要删除的联系人姓名，删除界面如图3－13所示。

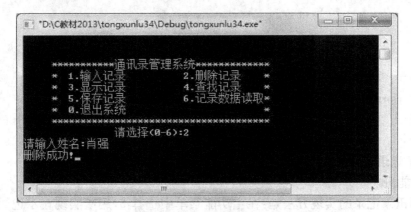

**图3－13　删除功能界面**

（2）技术分析。

删除功能实现时，应注意如何对指定的节点进行删除，这里使用两个指向节点的指针 p 和 q。q指针始终指向 p 指针所指节点的前一个节点，用来检测输入的名字是否与 p 节点所指向节点中的名字相同。如果相同，则删除 p 节点，代码为：q->next=p->next;free(p);如果不相同，则指针移向下一个节点，代码为：q=p;p=q->next;

（3）代码实现。

参考代码如下：

```
void del(link l)
{
    Node  * p, * q;
    char sname[10];
    q=l;
    p=q->next;
    printf("请输入姓名:");
    scanf("%s",sname);                    //输入要删除的姓名
    while(p)
    {
        if(strcmp(sname,p->data.name)==0)
```

```
                                //查找记录中与输入名字匹配的记录
            {
                q->next=p->next;            //删除 p 结点
                free(p);                    //将 p 结点空间释放
                printf("删除成功！");
                break;
            }
            else
            {
                q=p;
                p=q->next;
            }
        }
    if(p->next==NULL)
        printf("没有找到这个名字，不能删除！\n");
    getch();
}
```

**4. 显示记录模块**

（1）功能概述。

显示通讯录记录的实现方法是：在主功能菜单中选择 3，用于实现显示记录功能，显示记录界面如图 3-14 所示。

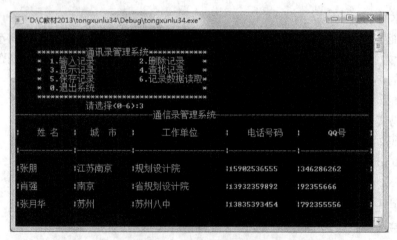

**图 3-14　显示记录功能界面**

（2）技术分析。

用两个不同函数实现输出某一节点信息和整个链表信息的功能。输出表头单独定义，更具有独立性。

（3）代码实现。

```
//输出表头函数
```

```
void printheader()
{
    printf(HEADER1);
    printf(HEADER2);
    printf(HEADER3);
}
//显示某一个结点信息的函数
void display(Node * p)
{
    printf(FORMAT,DATA);
}
//输出链表中的每个结点数据
void list(link l)
{
    Node * p;
    p=l—>next;
    printheader();
    while(p! =NULL)              //从首节点一直遍历到链表最后
    {
        display(p);
        p=p—>next;
    }
    getch();
}
```

**5. 查找记录模块**

（1）功能概述。

通讯录查询功能,只要输入联系人的姓名就可以实现查找,在主功能菜单中输入 4,进入查找记录功能,如图 3 – 15 所示。

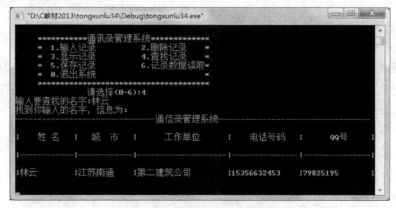

**图 3 – 15　查找记录功能界面**

（2）代码实现。

和大多数信息系统一样,查找功能是必不可少的一个功能。本系统是一个通讯录,查询更是最常用功能,查询功能实现代码如下:

```
//查找某个联系人是否在链表中
void search(link l)
{
    char sname[10];
    Node * p;
    p=l->next;
    printf("输入要查找的名字:");
    scanf("%s",sname);                      //输入要查找的名字
    while(p)
    {
        if(strcmp(p->data. name,sname)==0)
        //查找与输入的名字相匹配的记录
        {
            printf("找到你输入的名字,信息为:\n");
            printheader();
              display(p);                    //调用函数显示信息
            getch();
            break;
        }
        else
        p=p->next;
    }
    if(p->next==NULL)
        printf("没有找到该联系人,按任意键返回! \n");
    getch();
}
```

**6. 保存记录模块**

（1）功能概述。

当通讯录数据发生变化(增加、修改、删除)时,需要及时将修改后的数据保存到文件中,便于读取。在主功能菜单中选择数字 5 后回车,即可实现文件保存功能。保存成功会给出相应提示。

（2）代码实现。

保存记录实现代码如下:

```
//将链表中的数据保存到文件中
void save(link l)
{
```

```
    Node  * p;
    FILE  * fp;
    p=l->next;
    if((fp=fopen("adresslist","ab"))==NULL)              //以追加方式保存
    {
        printf("不能打开文件! \n");
        exit(1);
    }
    while(p)                                   //将节点内容逐个写入磁盘文件中
    {
        fwrite(p,sizeof(Node),1,fp);
        p=p->next;
    }
    printf("\n 文件保存! \n");
    fclose(fp);
    getch();
}
```

### 7. 记录数据读取模块

（1）功能概述。

运行程序时，可以由键盘输入数据，也可以从文件读取数据。本模块是将磁盘文件中的数据内容读取并加载到通讯录链表中。

（2）代码实现。

数据读取功能实现代码如下：

```
//从文件中读取数据到链表中
void load(link l)
{
    Node  * p,* r;
    FILE  * fp;
    l->next=NULL;
    r=l;
    if((fp=fopen("addresslist","rb"))==NULL)
    {
        printf("不能打开文件! \n");
        exit(1);
    }
    printf("\n 文件成功加载! \n");
    while(! feof(fp))
    {
        p=(Node * )malloc(sizeof(Node));              //申请节点空间
```

```
        if(! p)
        {
        printf("分配内存失败!");
        return;
        }
        if(fread(p,sizeof(Node),1,fp)! =1)          //读记录到节点 p 中
            break;
        else
        {
            p->next=NULL;
            r->next=p;                             //插入链表中
            r=p;
        }
        }
    fclose(fp);
    getch();
    }
```

### 3.3.6　小结

本节介绍了通讯录管理系统的开发,介绍了开发 C 语言系统的流程,帮助读者掌握结构体数组和链表的使用。系统中介绍的几个功能都是通过对文件进行基本的操作即可实现。读者可以在本系统的基础上,实现更多适合自己需要的功能,以提高自己的编程能力。

## 3.4　工资管理系统案例

### 3.4.1　实训目的

1. 巩固 C 语言基本语法,掌握结构化程序设计方法。
2. 熟练掌握函数的定义和使用,体会模块化编程思想。
3. 掌握结构体类型的定义和结构体数组的使用。
4. 熟悉文件操作,熟练掌握文件的读取、写入、追加等。
5. 理解链表的工作原理,掌握对链表进行创建、增加、删除、查询等操作。
6. 了解企业职工工资管理的相关信息及工资计算方法。

### 3.4.2　实训要求

工资管理系统是企业信息化的重要组成部分,它利用计算机对员工工资进行统一管理,实现工资管理工作的系统化、规范化和自动化,提高企业工作效率。本系统主要利用结构体数组实现对工资管理过程中的各项运算操作。在计算机中建立相应的数据结构,利用 C 程序函数实现职工工资信息的输入、查询、增加、删除、修改、统计、输出等操作。

1. 职工的基本信息和工资信息,包括职工编号、姓名、基本工资、奖金、扣款、应发工资、

实发工资。

2. 用结构体数组临时保存输入的职工信息。

3. 根据用户提供的基本工资、奖金和扣款等数据,自动计算应发工资、个人所得税和实发工资。

4. 添加员工基本信息,删除记录、修改记录、插入记录等。

5. 按实发工资排序,并统计每个工资段的人数。

6. 系统以菜单方式工作。

### 3.4.3　需求分析

根据调研,确定本系统应有如下功能:

1. 输入记录:将每一个职工的员工号、姓名、以及基本工资、奖金、扣除款项的数据作为基本数据,计算出应发工资、个人所得税和实发工资并作为一条记录。该软件能建立一个新的数据文件或给已建立好的数据文件增加记录。

2. 显示记录:根据用户提供的记录或者根据职工姓名显示一个或几个职工的各项工资。

3. 修改记录:可以对数据文件的任意记录的数据进行修改,并在修改前后对记录内容进行显示。

4. 查找记录:可以对数据文件的任意记录数据进行查找并显示。

5. 删除记录:可删除数据文件中的任一记录。

6. 根据应发工资计算个人所得税,按 2013 年以后新标准执行。

7. 统计:统计符合指定条件(如职工实发工资在少于 3 000 元、3 000～5 000 元、5 000～8 000 元、8 000～10 000 元、10 000 元以上)的职工人数;以表格形式打印全部职工工资信息表。

8. 保存数据文件功能。

9. 打开数据文件功能。

功能结构图与学生成绩管理系统类似。

### 3.4.4　总体设计

**1. 主要功能模块设计**

功能模块结构与前面学生管理系统类似,主要功能模块如下:

(1) 输入记录模块。

输入记录模块主要完成将数据存入数组中的工作。本系统中的记录可以从以文本文件形式存储的数据文件中读入,也可以从键盘逐个输入记录。记录由职工的基本信息和工资信息字段构成。当从数据文件中读入记录时,它就在以记录为单位存储的数据文件中,将记录逐条复制到数组元素中。

(2) 查询记录模块。

查询模块记录主要完成在数组中查找满足相关条件的记录。用户可以按照职工编号或姓名在数组中进行查找。若找到该记录,则以表格形式打印出此记录的信息;否则,输出未找到该记录的提示信息。

（3）更新记录模块。

更新记录模块主要完成对记录的维护，实现对记录的修改、删除、插入和排序等操作。系统进行了这些操作之后，需要将修改后的数据存入数据文件。

（4）统计模块。

统计模块主要完成对公司员工按实发工资统计不同范围的人数。

（5）输出记录模块。

实现将数组中存储的记录信息以表格的形式在屏幕上打印出来。

**2. 数据结构设计**

（1）头文件引用。

```
#include<stdio. h>                    //标准输入输出函数库
#include<stdlib. h>                   //标准函数库
#include<conio. h>                    //屏幕函数库
#include<dos. h>                      //系统接口函数库
#include<string. h>                   //字符串函数库
```

（2）宏定义。

具体含义见右边注释。

```
#define N 50                          //定义数组长度，便于维护
#define LEN sizeof(struct employee)   //定义结构体类型的长度
//表头宏定义
#define HEADER1  "————————————————————————————职工工资管理系
统———————————————— \n"
#define HEADER2 "|职工编号|  职工姓名|基本工资|  奖金  |扣款  |应发工资|
所得税|实发工资|\n"
#define HEADER3  " |———————|——————————|————————|————————|————————|————————|————————|
\n"
//输出的格式控制部分宏定义
#define FORMAT "| %-7d| %-10s|%8.1f|%8.1f|%8.1f|%8.1f|%8.1f|%8.1
f| \n"
//结构体类型的数组引用成员的输出列表宏定义
#define DATA gz[i]. num,gz[i]. name,gz[i]. income,gz[i]. bonus,gz[i]. deduct,gz
[i]. yfgz,gz[i]. tax,gz[i]. sfgz
//表尾宏定义
#define END   "————————————————————————————————————————— \n"
```

（3）结构体类型定义。

本程序定义结构体 emplyee。用于存放职工的基本信息和工资信息。每个成员所代表的含义见右边注释。

```
typedef struct employee
{    int num;                        //职工编号
     char name[10];                  //职工姓名
```

| | |
|---|---|
| float income; | //基本工资 |
| float bonus; | //奖金 |
| float deduct; | //扣款 |
| float yfgz; | //应发工资 |
| float tax; | //个人所得税 |
| float sfgz; | //实发工资 |

}ZGGZ;

//结构体数组定义

ZGGZ gz[N];　　　　　　　　//定义 ZGGZ 结构体数组

### 3. 函数功能描述

以下为本系统中所定义的函数声明，具体功能见右边注释。

| | |
|---|---|
| void add(); | //输入(增加)职工信息 |
| void display(); | //显示职工信息 |
| void order(); | //排序 |
| void order1(); | //按编号由低到高排序 |
| void order2(); | //按实发工资由高到低排序 |
| void del(); | //删除职工信息 |
| void modify(); | //修改职工信息 |
| void menu(); | //主菜单 |
| void insert(); | //插入职工信息 |
| void tongji(); | //计算公司职工工资在各个等级的人数 |
| void search(); | //查找职工信息 |
| void printheader(); | //打印表头 |
| float jstax(float sfgz1); | //计算个人所得税 |

## 3.4.5　主函数设计

### 1. 主函数功能概述

main()函数主要实现了对整个程序的运行控制，以及相关功能模块的调用。系统运行后显示主功能选择菜单，每个功能前面有不同数字，选择不同数字可执行相应功能。工资管理系统主界面如图 3-16 所示。

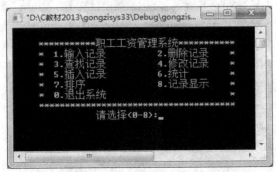

**图 3-16　工资管理系统主界面**

**2. 主函数功能实现**

用户进入工资管理系统时，显示主菜单，提示用户进行选择，完成相应任务。此代码被 main()函数调用。在显示主功能菜单的函数 menu()中主要使用了 printf()函数控制输出的文字或特殊字符。当输入相应数字后，程序会根据该数字调用不同的函数，具体数字表示的功能见表 3-3 所示。

表 3-3 主菜单中数字所表示的功能

| 编号 | 功能 | | 调用函数 | |
|---|---|---|---|---|
| 1 | 输入记录 | | add() | |
| 2 | 删除记录 | | del() | |
| 3 | 查找记录 | | search() | |
| 4 | 修改记录 | | modify() | |
| 5 | 插入记录 | | insert() | |
| 6 | 统计 | | tongji() | |
| 7 | 排序 | a 按职工编号升序 | order() | order1() |
| | | b 按实发工资降序 | | order2() |
| 8 | 记录显示 | | display() | |
| 0 | 退出系统 | | | |

**3. 实现代码**

函数 menu()的实现代码如下：
//主菜单界面设计
void menu()　//主菜单
{

```
system("cls");    //调用 DOS 命令,清屏. 与 clrscr()功能相同
printf("\n");
printf("          *********** 职工工资管理系统 *********** \n");
printf("          * \t1. 输入记录          2. 删除记录\t   * \n");
printf("          * \t3. 查找记录          4. 修改记录\t   * \n");
printf("          * \t5. 插入记录          6. 统计      \t   * \n");
printf("          * \t7. 排序             8. 记录显示\t   * \n");
printf("          * \t0. 退出系统                   \t   * \n");
printf("          ********************************* \n");
printf("\t\t 请选择(0—8):");
```

}

主函数 main()的实现代码如下：
//主函数定义
void main()　　　　　　　　　　　　//主函数

```
{
    int sel;
    menu();                              //调用菜单界面
    scanf("%d",&sel);                    //输入选择功能的编号
    while(sel)
    {
        switch(sel)
        {
            case 1:add();break;          //增加职工工资记录
            case 2:del();break;          //删除职工工资记录
            case 3:search();break;       //查询职工工资记录
            case 4:modify();break;       //修改职工工资记录
            case 5:insert();break;       //插入职工工资记录
            case 6:tongji();break;       //统计职工工资记录
            case 7:order();break;        //排序职工工资记录
            case 8:display();break;      //显示职工工资记录
            case 0:exit(0);break;
            default:getchar();break;     //按键有误,必须为数值0—8
        }
        getch();
        menu();                          //执行完功能再次显示菜单界面
        scanf("%d",&sel);
    }
}
```

### 3.4.6　详细设计

职工工资管理系统主要功能与学生成绩管理系统类似。

**1. 输入记录模块**

调用 add() 函数,完成添加职工工资记录的操作。若在刚进入工资管理系统时数据文件为空,则将从数组的头部开始增加记录;否则,将此记录添加在数组的尾部。增加记录后保存原文件。

系统运行后,输入数字 1 进入输入(添加)记录功能,界面如图 3-17 所示。

程序实现参考代码如下:

```
//增加职工工资记录
void  add()
{
    int i,m=0;                           //m是记录的条数
    char ch[2];
    FILE * fp;                           //定义文件指针
```

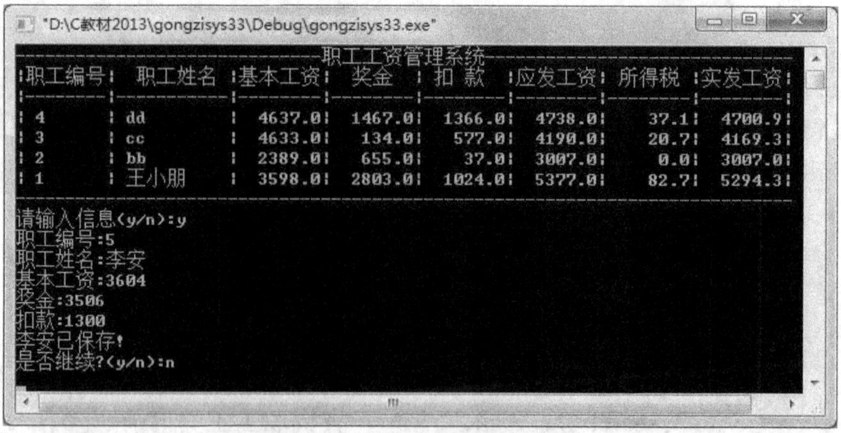

**图 3-17 工资管理系统输入记录界面**

```
if((fp=fopen("zggz. txt","a+"))==NULL)//打开指定文件
{
printf("文件不能打开! \n");
return;
}
while(! feof(fp))
{
if(fread(&gz[m],LEN,1,fp)==1)
    m++;                 //统计当前记录条数
}
fclose(fp);
if(m==0)
printf("没有记录! \n");
else
{
system("cls");
    display();          //调用 display 函数,显示原有职工信息
}
if((fp=fopen("zggz. txt","wb"))==NULL)
{
printf("文件不能打开\n");
return;
}
for(i=0;i<m;i++)
    fwrite(&gz[i],LEN,1,fp);       //向指定的磁盘文件写入信息
printf("请输入信息(y/n):");
```

```
scanf("%s",ch);
while(strcmp(ch,"Y")==0||strcmp(ch,"y")==0)    //判断是否要录入新信息
{
printf("职工编号:");
scanf("%d",&gz[m].num);                //输入职工编号
for(i=0;i<m;i++)
    if(gz[i].num==gz[m].num)
        {
            printf("该职工编号已存在,按任意键继续!");
            getch();
            fclose(fp);
            return;
        }
    printf("职工姓名:");
    scanf("%s",gz[m].name);            //输入职工姓名
    printf("基本工资:");
    scanf("%f",&gz[m].income);         //输入基本工资
    printf("奖金:");
    scanf("%f",&gz[m].bonus);          //输入奖金
    printf("扣款:");
    scanf("%f",&gz[m].deduct);         //输入扣款
                                       //计算职工的应发工资
    gz[m].yfgz=gz[m].income +gz[m].bonus -gz[m].deduct ;
    gz[m].tax =jstax(gz[m].yfgz);      //计算每个职工的个人所得税
    gz[m].sfgz =gz[m].yfgz -gz[m].tax ;
            //将新录入的信息写入指定的磁盘文件
if(fwrite(&gz[m],LEN,1,fp)! =1)
    {
        printf("不能保存!");
        getch();
    }
    else
    {
        printf("%s 已保存! \n",gz[m].name);
        m++;
    }
    printf("是否继续? (y/n):");        //询问是否继续输入
    scanf("%s",ch);
}
```

```
        fclose(fp);
}
```

### 2. 删除记录模块

调用 del() 函数,完成在数组 gz 中删除职工工资记录的功能。在删除记录操作中,系统会先按用户要求找到该记录的编号,若存在,则提示是否删除,选"是"则从数组中删除该数组元素,选"否"则不删除,并返回。

系统运行后,输入数字 2 进入删除记录功能,界面如图 3-18 所示。

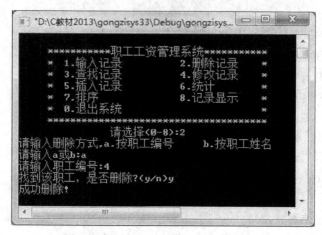

**图 3-18　工资管理系统删除记录界面**

程序实现参考代码如下:

```c
//可按职工编号和姓名两种方式删除
void del()                          //自定义删除函数
{
    int i,j,m=0;                    //记录数
    char ch[2],selab[2];            //选择操作
    FILE * fp;
    int snum;                       //输入要删除的职工编号
    char sname[10];                 //输入要删除的职工姓名
    if((fp=fopen("zggz. txt","r+"))==NULL)
    {
        printf("文件不能打开\n");
        return;
    }
    while(! feof(fp))
        if(fread(&gz[m],LEN,1,fp)==1) m++;
    fclose(fp);
        if(m==0)
        {
```

```
            printf("没有记录！\n");
            return;
        }
printf("请输入删除方式,a.按职工编号\tb.按职工姓名\n");
printf("请输入 a 或 b:");
scanf("%s",selab);
if(strcmp(selab,"a")==0||strcmp(selab,"A")==0)
{
    printf("请输入职工编号:");
    scanf("%d",&snum);
    for(i=0;i<m;i++)
        if(snum==gz[i].num) break;
    if(i<m)
    {
        printf("找到该职工,是否删除？（y/n)");
        scanf("%s",ch);
        if(strcmp(ch,"Y")==0||strcmp(ch,"y")==0)//判断是否要进行删除
        {
        for(j=i;j<m;j++)
            gz[j]=gz[j+1]; //将后一个记录移到前一个记录的位置
            m--;                                    //记录的总个数减 1
            printf("成功删除！\n");
        }
    }
    else
        printf("没有找到该编号的职工,无法删除!");
}
else   if(strcmp(selab,"b")==0||strcmp(selab,"B")==0)
{
    printf("请输入职工姓名:");
    scanf("%s",sname);
    for(i=0;i<m;i++)
        if(strcmp(sname,gz[i].name)==0) break;
    if(i<m)
    {
        printf("找到该职工,是否删除？（y/n)");
        scanf("%s",ch);
        if(strcmp(ch,"Y")==0||strcmp(ch,"y")==0)//判断是否要进行删除
        {
```

```
            for(j=i;j<m;j++)
                gz[j]=gz[j+1];　//将后一个记录移到前一个记录的位置
            m--;                              //记录的总个数减 1
            printf("成功删除,按任意键返回! \n");
            getchar();
        }
    }
        else
            printf("没有找到该编号的职工,无法删除!");
}
if((fp=fopen("zggz. txt","wb"))==NULL)
{
    printf("文件不能打开\n");
    return;
}
for(j=0;j<m;j++)               //将更改后的记录重新写入指定的磁盘文件中
    if(fwrite(&gz[j] ,LEN,1,fp)! =1)
    {
        printf("文件不能保存! \n");
        getch();
    }
fclose(fp);
}
```

**3. 查找记录模块**

调用 search()函数,完成在数组 gz 中查询职工工资记录的功能。当用户执行此查询任务时,系统会提示用户进行查询字段的选择,即按职工编号或姓名进行查询。若此记录存在,则会以表格形式打印输出此条记录信息,否则输出提示信息。

系统运行后,输入数字 3 进入查找记录功能,界面如图 3-19 所示。

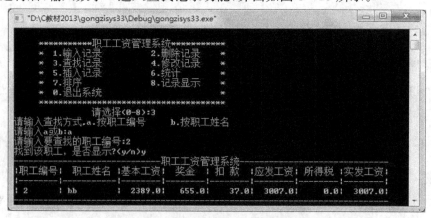

**图 3-19　工资管理系统查找记录界面**

部分参考代码：

//按职工编号查询记录

```
printf("请输入要查找的职工编号：");
scanf("%d",&snum);
for(i=0;i<m;i++)
{
if(snum==gz[i].num)          //查找输入的编号是否在记录中
{
    printf("找到该职工,是否显示?（y/n)");
    scanf("%s",ch);
    if(strcmp(ch,"Y")==0||strcmp(ch,"y")==0)
    {
        printheader();
        printf(FORMAT,DATA);//将查找出的结果按指定格式输出
        printf(END);
        break;
    }
}
}
```

### 4. 修改记录模块

调用 modify（）函数,完成在数组中修改职工工资记录的功能。在修改记录操作中,系统会先按用户输入的职工编号查找到该记录,然后提示用户修改职工编号之外的值,但职工编号不能修改。修改后保存到原文件。

部分参考代码：

//修改记录：先按输入的职工编号查询到该记录,然后提示用户修改编号之外的值,编号不能修改

```
printf("请输入你想修改职工编号! \n");
printf("要修改的职工编号：");
scanf("%d",&snum);
for(i=0;i<m;i++)
{
if(snum==gz[i].num)               //检索记录中是否有要修改的信息
break;
}
    if(i<m)
{
    printf("找到该职工,你可以修改! \n");
    printf("职工姓名：");
```

```
        scanf("%s",gz[i].name);                //输入职工姓名
        printf("基本工资:");
        scanf("%f",&gz[i].income);             //输入基本工资
        printf("资金:");
        scanf("%f",&gz[i].bonus);              //输入资金
        printf("扣款:");
        scanf("%f",&gz[i].deduct);             //输入扣款
            //计算职工的应发工资
        gz[i].yfgz=gz[i].income +gz[i].bonus -gz[i].deduct ;
        gz[i].tax =jstax(gz[i].yfgz);          //计算每个职工的个人所得税
        gz[i].sfgz =gz[i].yfgz -gz[i].tax ;
        printf("成功修改,按任意键返回!");
        getchar();
    }
    else
        printf("没有找到该职工,你不能修改! \n");
```

### 5. 插入记录模块

调用 insert()函数,完成在数组中插入职工工资记录的功能。在插入记录操作中,系统会先按职工编号查找到要插入的元素位置,然后在该职工编号之后插入一个新记录,修改后保存原文件。

部分参考代码:

```
//插入记录:按职工编号查询到要插入的数组元素的位置,然后在该编号之后插入一个
新数组元素
    printf("请输入你想插入的位置!(输入职工编号)\n");
    scanf("%d",&snum);                     //输入要插入的位置
    for(i=0;i<m;i++)                       //判断插入位置是否存在
        if(snum==gz[i].num)   break;
    if(i<m)
    {
        for(j=m-1;j>i;j--)
            gz[j+1]=gz[j];
            //插入位置存在,从最后一条记录开始均向后移一位
        printf("现在请输入新的信息\n");
        printf("职工编号:");
        scanf("%d",&newnum);
        for(k=0;k<m;k++)
            if(gz[k].num==newnum) //新输入的编号若已存在 ,则不能输入信息
            {
            printf("该编号已存在,按任意键继续!");
```

```
            getch();
            fclose(fp);
            return;
        }
        gz[i+1].num=newnum;
        printf("职工姓名:");
        scanf("%s",gz[i+1].name);                //输入职工姓名
        printf("基本工资:");
        scanf("%f",&gz[i+1].income);              //输入基本工资
        printf("奖金:");
        scanf("%f",&gz[i+1].bonus);               //输入奖金
        printf("扣款:");
        scanf("%f",&gz[i+1].deduct);              //输入扣款
                                                  //计算职工的应发工资
        gz[i+1].yfgz=gz[i+1].income +gz[i+1].bonus −gz[i+1].deduct;
        gz[i+1].tax =jstax(gz[i+1].yfgz);         //计算每个职工的个人所得税
        gz[i+1].sfgz =gz[i+1].yfgz −gz[i+1].tax;
        printf("插入成功,按任意键返回!");
        getch();
    }
    else
    {
        printf("插入的位置不正确,按任意键返回!");
        getchar();
        return;
    }
```

**6. 统计功能模块**

调用 tongji() 函数,在数组中完成统计职工工资的功能。在统计记录操作中,系统会统计该公司职工的实发工资在各个等级的人数分布情况,并打印出该统计结果。

系统运行后,输入数字 6 进入统计功能,界面如图 3-20 所示。

部分参考代码:

```
//统计公司的员工的工资在各等级的人数
for(i=0;i<m;i++)
{
    if(gz[i].sfgz>=10000)                //实发工资>10000
        count10000++;
    else if(gz[i].sfgz>=8000)            //8000<=实发工资<10000
        count8000++;
    else if(gz[i].sfgz>=5000)            //5000<=实发工资<8000
```

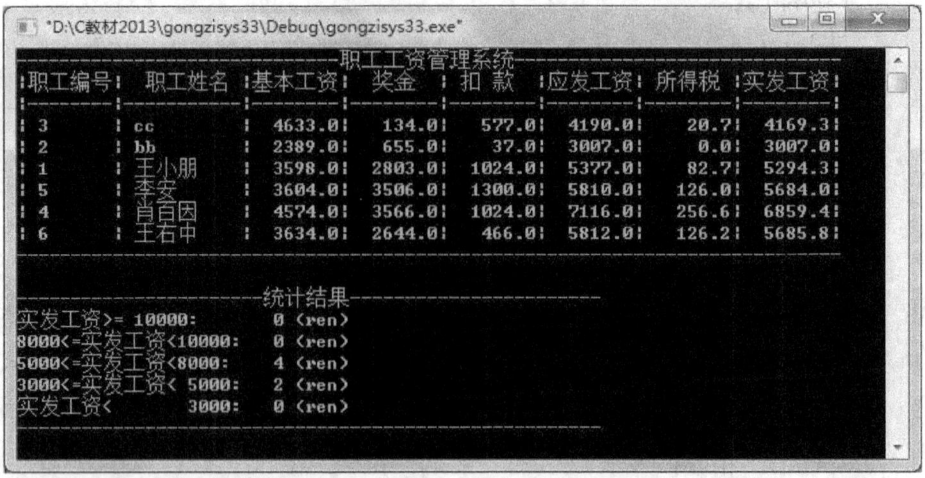

图 3-20　工资管理系统统计界面

```
            count5000++;
        else if(gz[i].sfgz>=3000)                    //3000<=实发工资<5000
            count3000++;
        else                                         //实发工资<3000
            count0++;
    }
    printf("\n──────────────统计结果──────────────\n");
    printf("实发工资>= 10000：        %d (ren)\n",count10000);
    printf("8000<=实发工资<10000：    %d (ren)\n",count8000);
    printf("5000<=实发工资<8000：     %d (ren)\n",count5000);
    printf("3000<=实发工资< 5000：    %d (ren)\n",count3000);
    printf("实发工资<        3000：    %d (ren)\n",count0);
    printf("──────────────────────────────────\n");
    printf("\n\npress any key to return");
    getchar();
```

**7. 排序功能模块**

调用 order()函数,在数组中完成对职工工资记录排序的功能。在排序记录操作中,利用选择法或冒泡排序法实现按实发工资字段的降序排序和按编号的升序排列。

部分参考代码:

```
//利用选择排序法实现数组的按实发工资字段的降序排序
for(i=0;i<m-1;i++)
    for(j=i+1;j<m;j++)                    //二重循环实现工资比较并交换
        if(gz[i].sfgz<gz[j].sfgz)
        {                                 //结构体数组元素可整体交换
            t=gz[i];
```

```
            gz[i]=gz[j];
            gz[j]=t;
        }
```

### 8. 显示记录模块

将文件中所有记录按指定格式输出,参考代码如下:

```
//显示职工记录
void display()
{
    FILE *fp;
    int i,m=0;
    fp=fopen("zggz.txt","rb");
    while(! feof(fp))
    {
        if(fread(&gz[m],LEN,1,fp)==1)
            m++;
    }
    fclose(fp);
    if(m! =0)
    {
        printheader();
        for(i=0;i<m;i++)
        {
            printf(FORMAT,DATA);              //将信息按指定格式打印
        }
        printf(END);
    }
}
```

### 9. 计算个人所得税

根据每个职工的应发工资,按 2013 年新标准计算每个人的个人所得税。参考程序代码
如下:

```
//按 2013 新标准计算个人所得税函数定义
float jstax(float sfgz1)
{
    float yjsgz,tt;                          //应交税的工资部分
    yjsgz=sfgz1-3500;
    if(yjsgz<=0)
        tt=0.0;
    else if(yjsgz<=1500)
        tt=(float)(yjsgz * 0.03);
```

```
    else if(yjsgz<=4500)
        tt=(float)(yjsgz*0.1-105);
    else if(yjsgz<=9000)
        tt=(float)(yjsgz*0.2-555);
    else if(yjsgz<=35000)
        tt=(float)(yjsgz*0.25-1005);
    else if(yjsgz<=55000)
        tt=(float)(yjsgz*0.3-2755);
    else if(yjsgz<=80000)
        tt=(float)(yjsgz*0.35-5505);
    else
        tt=(float)(yjsgz*0.45-13505);
    return tt;
}
```

### 3.4.7　小结

本节介绍了工资管理系统的设计思路及其编程实现,重点介绍了各功能模块的设计原理和利用数组实现工资管理的过程。利用本工资管理系统可实现对工资的日常管理和维护。有兴趣的同学,可进一步对系统研究并扩展其功能,使程序功能更加全面。

## 3.5　俄罗斯方块游戏系统案例

### 3.5.1　实训目的

1. 加强读者的基本编程能力和游戏开发技巧。
2. 熟悉 C 语言图形模式下的编程。
3. 巩固结构体、数组的知识,了解时钟中断及绘图方面的知识。
4. 通过设计完成俄罗斯方块游戏,掌握游戏开发的基本原理,为将来开发高质量的游戏软件打下基础。

### 3.5.2　实训要求

设计完成俄罗斯方块游戏,玩家双击游戏的执行程序就可进入游戏界面。游戏开始后,在游戏小窗口的顶部会随机产生一个组合方块,并以一定的速度下移,玩家通过上、下、左、右键来控制组合方块的形状和方向,组合方块以一定速度下降到相应位置,当叠满一行时会自动消去并计 10 分,若不能消行而叠到游戏小窗口的顶部则游戏失败,此时玩家可退出或重新开始。

1. 了解游戏设计思想。
2. 能够设计美观大方的游戏界面。
3. 设计游戏控制函数。
4. 按上、下、左、右键函数设计。

5. 游戏结束界面及函数功能设计。

## 3.5.3　需求分析

俄罗斯方块是一款经典而有趣的游戏,可以很好地培养玩家的反应能力和瞬间决策能力。随着方块的不断下降,玩家要变换方块的形状以适合自己要放的位置及形状。而且玩家还要根据下一个方块的形状来安排当前方块的位置。具体功能模块如下:

**1. 游戏方块预览功能**

在游戏过程中,当在游戏底板中出现一个游戏方块时,必须在游戏方块预览区域中出现下一个游戏方块,这样有利于游戏玩家控制游戏的策略。由于在此游戏中存在 19 种不同的游戏方块,所以在游戏方块预览区域中需要显示随机生成的游戏方块。

**2. 游戏方块控制功能**

通过各种条件的判断,实现对游戏方块的左移、右移、快速下移、自由下落、旋转功能,以及消除行的功能。

**3. 游戏显示更新功能**

当游戏方块左右移动、下落、旋转时,要清除先前的游戏方块,用新坐标重绘游戏方块。当消除满行时,要重绘游戏底板的当前状态。

**4. 游戏速度分数更新功能**

在游戏玩家进行游戏过程中,需要按照一定的游戏规则给游戏玩家计算游戏分数。比如,消除一行加 10 分。当游戏分数达到一定数量之后,需要给游戏者进行等级的上升,每上升一个等级,游戏方块的下落速度将加快,游戏的难度将增加。

**5. 游戏帮助功能**

玩家进入游戏后,将有对本游戏如何操作的友情提示。

## 3.5.4　总体设计

**1. 主要功能模块设计**

本系统主要由主函数、方块的产生与清除、方块的变换与移动、消行与计分、计时这五大模块组成,其中方块的变换与移动模块是本系统中的关键模块,也是最为复杂的模块。

**2. 主函数模块**

本模块主要是初始化图形显示模式,定义游戏说明窗口以及游戏的界面,还有计分、计时、设定级别窗口及其他子模块的调用。

**3. 方块的产生与清除模块**

本模块有两大功能:产生方块、清除方块。

**4. 方块的变换与移动模块**

本模块负责方块自动下移,在下移过程中方块的变换、左右移动、加速下移、直接下移的操作。

**5. 消行与计分模块**

本模块将从该方块的最下面小方格所在行开始到最上面小方格所在行结束,从左到右判断每一行是否满行。若满行则消行并且下移该行以上已填充的小方格,最后计分。

**6. 方块的实现**

主要由函数 fangKuai() 与函数 clrFangKuai() 组成。函数 fangKuai() 在指定位置产生边框为蓝色并且用白色 WHITE 填充的小方格。函数 clrFangKuai() 在指定位置产生边框与填充色都是窗口 M 的背景色 DARKGRAY 的小方格。

## 3.5.5　详细设计及功能实现

**1. 预处理模块设计**

（1）宏定义。

为了使程序更好地运行，需要引入一些库文件，对程序的一些基本函数进行支持。本程序中引用的一些外部文件和应用代码如下：

```
#include<stdio. h>          //基本输入输出函数库
#include<stdlib. h>         //标准函数库
#include<windows. h>
#include<time. h>           //时间日期函数库
#include<conio. h>          //控制台输入输出函数库
#include<graphics. h>       //图形函数库
```

（2）宏定义。

宏定义也是预处理命令的一种，以 #define 开头，提供了一种可以替换源代码中字符串的机制。

```
#define MOD 28
#define SIZE_N 19
#define SIZE_M 12
```

（3）全局变量定义。

```
int cur_x,cur_y;           //保存游戏方块的当前位置
int score,mark;            //记录成绩
int next;
int map[SIZE_N][SIZE_M];
int Gamespeed=300;         //游戏速度设置
char key1,key;
```

（4）方块定义。

```
int shape[28][6]={                //7 种方块,加上旋转总共 28 种
{0,−1,0,−2,1,0}, {0,1,1,0,2,0}, {−1,0,0,1,0,2}, {0,−1,−1,0,−2,0},
{0,−1,0,1,−1,0}, {0,1,1,0,−1,0}, {1,0,0,−1,0,1}, {1,0,−1,0,0,−1},
{−1,1,0,1,1,0}, {0,−1,1,0,1,1}, {−1,0,0,−1,1,−1}, {−1,−1,−1,0,0,1},
{−1,0,0,1,1,1}, {0,1,1,−1,1,0}, {−1,0,0,1,1,1}, {0,1,1,−1,1,0},
{−1,0,0,−1,0,−2}, {−1,0,−2,0,0,1}, {0,1,0,2,1,0}, {0,−1,1,0,2,0},
{0,1,1,0,1,1}, {0,−1,1,0,1,−1}, {−1,0,0,−1,−1,−1}, {−1,0,−1,1,0,1},
{0,1,0,2,0,3}, {1,0,2,0,3,0}, {0,−1,0,−2,0,−3}, {−1,0,−2,0,−3,0} };
```

（5）格式控制函数。

gotoxy 是在 system. h 库文件里的一个函数。函数功能是将光标定位到指定位置。参考代码如下：

```
void gotoxy(int x,int y)
{
    COORD c;
    c. X=x-1; c. Y=y-1;
    SetConsoleCursorPosition (GetStdHandle(STD_OUTPUT_HANDLE)，c);
}
```

**2. 主函数设计**

主函数实现了对整个程序的运行控制及相关功能模块的调用。在主函数中通过调用初始化函数实现方块的产生和消除，通过上、下、左、右键控制组合方块的方向和形状。

运行界面如图 3-21 所示。

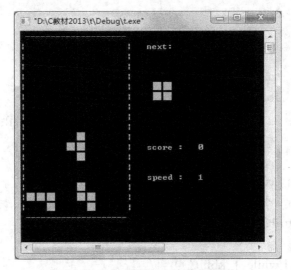

**图 3-21  俄罗斯方块游戏界面**

主函数参考代码如下：

```
int main()
{
    int i,id,set=1;
    srand(time(NULL));              //初始化随机数种子
    id=rand()%MOD;
    id=(id+MOD)%MOD;                //产生随机数
    next=rand()%MOD;
    next=(next+MOD)%MOD;
    init(id);
    while(1)
    {
    Here:mark=0;
```

```
if(set==0)
{
    id=next;
    next=rand()%MOD;
    next=(next+MOD)%MOD;
    cur_x=0;cur_y=6;
    set=1;
}
while(! kbhit())
{
    Gameover();
    if(judge_in(cur_x+1,cur_y,id)==1)
        cur_x++;
    else
    {
        map[cur_x][cur_y]=2;
        for(i=0;i<6;i=i+2)
            map[cur_x+shape[id][i]][cur_y+shape[id][i+1]]=2;
        set=0;
    }
    fun_score();
    if(mark! =1) ShowMap(id);
    goto Here;
}
//end of while(! kbhit())
key=getch();
if(key1==-32 && key==72)
{
    int tmp=id;
    id++;
    if( id%4==0 && id! =0 )id=id-4;
    if(judge_in(cur_x,cur_y,id)! =1)id=tmp;
}
else if(key1==-32 && key==80 && judge_in(cur_x+1,cur_y,id)==1)
    cur_x++;
else if(key1==-32 && key==75 && judge_in(cur_x,cur_y-1,id)==1)
    cur_y--;
else if(key1==-32 && key==77 && judge_in(cur_x,cur_y+1,id)==1)
    cur_y++;
```

```
        else if(key==27)
            return 0;
        key1=key;
    }
    return 0;
}
```

初始化函数参考代码如下：

```
//初始化函数,cur_x,cur_y 是全局变量,标记了移动方块的位置
void init(int id)
{
    int i,j;
    memset(map,0,sizeof(map));
    for(i=0;i<SIZE_N;i++)
    {
        for(j=0;j<SIZE_M;j++)
            if(i==SIZE_N-1 || j==0 || j==SIZE_M-1)
                map[i][j]=-1;
    }
    cur_x=0; cur_y=6;
    ShowMap(id);
}
```

### 3. 方块实现模块

玩家进入游戏后,游戏会产生一个下降的方块和显示出下一个将要产生的方块,便 于玩家提前决策。

方块显示参考代码如下：

```
//方块的显示
void ShowMap(int id)
{
    int i,j;
    gotoxy(1,1);
    if(id! =-1)
    {
        for(i=0;i<SIZE_N;i++)
        {
            for(j=0;j<SIZE_M;j++)
            {
            if(i==0&&j==0||i==0&&j==SIZE_M-1||j==0&&i==SIZE_N-1
||j==SIZE_M-1&&i==SIZE_N-1) printf(" ");
                else if(i==0 || i==SIZE_N-1) printf("--");
```

```c
                    else if(j==0 || j==SIZE_M-1) printf("|");
                    else if(map[i][j]==2) printf("■");
                    else if(i==cur_x+shape[id][0]&&j==cur_y+shape[id][1]
    ||i==cur_x+shape[id][2] && j==cur_y+shape[id][3]||
                        i==cur_x+shape[id][4] && j==cur_y+shape[id][5] ||
                        i==cur_x && j==cur_y)
                        printf("■");
                    else if(map[i][j]==0) printf("  ");
                }
                if(i==1)printf("下一个 :");
                if(i==11)printf("成  绩：  %d",score);
                if(i==14)printf("速  度：  %d",score/100+1);
                puts("");
            }
        }
        else
        {

            mark=1;
            for(i=0;i<SIZE_N;i++)
            {
                for(j=0;j<SIZE_M;j++)
                {
                if(i==0&&j==0||i==0&&j==SIZE_M-1||j==0&&i==SIZE_N-1
    ||j==SIZE_M-1&&i==SIZE_N-1)printf(" ");
                    else if(i==0 || i==SIZE_N-1)printf("——");
                    else if(j==0 || j==SIZE_M-1)printf("|");
                    else if(map[i][j]==2) printf("■");
                    else if(map[i][j]==0) printf("  ");
                }
                if(i==1)printf("下一个 :");
                if(i==11)printf("成  绩：  %d",score);
                if(i==14)printf("速  度：  %d",score/100+1);
                puts("");
            }
        }
        //对于 next 方块的处理,先擦除再画图
        for(i=2;i<=10;i++)
        {
            for(j=23;j<=34;j++)
```

```
            {
                gotoxy(j+1,i+1);
                printf("  ");
            }
        }
    gotoxy(29,6);
    printf("■");
    for(i=0;i<6;i=i+2)
    {
        gotoxy(29+2*shape[next][i+1],6+shape[next][i]);
        printf("■");
    }
    Sleep(Gamespeed);
}
```

判断方块是否出界参考代码如下：

```
int judge_in(int x,int y,int id)
{
    int i;
    if(map[x][y]! =0)return 0;
    for(i=0;i<6;i=i+2)
    {
        if(map[ x+shape[id][i] ][ y+shape[id][i+1] ]! =0) return 0;
    }
    return 1;
}
```

### 4. 游戏结束模块

本模块是在游戏失败后，给出相应提示，实现效果如图 3-22 所示。

游戏结束的判断参考代码如下：

```
void Gameover()
{
    int i,j,flag=0;
    for(j=1;j<SIZE_M-1;j++)
    {
        if(map[1][j]! =0)
        {
            flag=1;break;
        }
    }
```

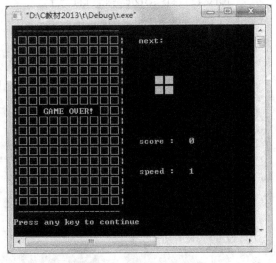

图 3-22 游戏结束界面

```
        if(flag==1)
        {
            for(i=1;i<SIZE_N-1;i++)
            {
                gotoxy(2,i+1);
                for(j=1;j<SIZE_M-1;j++)
                {
                    printf("□");
                }
                puts("");
            }
            gotoxy(7,9);
            printf("游戏结束!");
            gotoxy(1,SIZE_N+1);
            exit(0);
        }
    }
```

**5. 计算得分模块**

在左移、右移、旋转和下落动作都不能进行时,需要判断当前是否有满行的情况,若有则进行消除满行处理。

参考程序代码如下:

```
//得分,擦除行的闪烁,图形向下平移
void fun_score()
{
    int i,j,ii,jj;
    for( i=1;i<SIZE_N-1;i++)
    {
        int flag=0;
        for( j=1;j<SIZE_M-1;j++)
            if(map[i][j]! =2) { flag=1; break; }
        if(flag==0)
        {
            int k=3;
            while(k--)
            {
                gotoxy(2,i+1);
                for( ii=1;ii<SIZE_M-1;ii++)
                {
                    if(map[i][ii]==2)
```

```
                    {
                        if(k%2==1)printf("  ");
                        else printf("■");
                    }
                }
                Sleep(100);
            }
            for( ii=i;ii>1;ii--)
            {
                for( jj=1;jj<SIZE_M-1;jj++)
                    map[ii][jj]=map[ii-1][jj];
            }
            ShowMap(-1);
            score+=10;
            if(score%100==0 && score! =0)Gamespeed-=50;
        }
    }
}
```

### 3.5.6　小结

本节介绍了俄罗斯方块游戏的设计思路及其编程实现。本游戏开发不只有一种方法，有兴趣的同学，可进一步对此程序进行优化和完善或者用不同的方法来实现，使程序功能更加全面，为以后的编程工作打好基础。

## 3.6　软件工程实训项目

### 3.6.1　学生综合测评系统

每个学生的信息为：学号、姓名、性别、家庭住址、联系电话，语文、数学、外语三门单科成绩、考试平均成绩、考试名次、同学互评分、品德成绩、任课教师评分、综合测评总分、综合测评名次。考试平均成绩、同学互评分、品德成绩、任课教师评分分别占综合测评总分的60%、10%、10%、20%。

**1. 学生信息处理**

（1）输入学生信息，学号、姓名、性别、家庭住址、联系电话，按学号以小到大的顺序存入文件中。

提示：学生信息可先输入到数组中，排序后再写到文件中。

（2）插入（修改）学生信息。

提示：先输入学生信息，然后再打开源文件并建立新文件，把源文件和输入的信息合并到新文件中（保持按学号有序）。若存在该学生信息，则将新记录内容替换原来内容。

（3）删除学生信息。

提示：输入将要删除的学生的学号，读出该学生信息，要求对此进行确认，以决定是否删除。最后将删除后的信息写到文件中。

（4）浏览学生信息。

提示：打开文件，显示该学生的信息。

**2. 学生数据处理**

（1）按考试科目输入学生成绩并且按公式：考试成绩＝（语文＋数学＋外语）/3.0 计算考试平均成绩，并计算考试名次。

提示：先把学生信息读入数组，然后按提示输入每科成绩，计算考试平均成绩，根据平均成绩排序，求出考试名次，最后把学生记录写入文件中。

（2）输入学生测评数据并计算综合测评总分及名次。

提示：综合测评总分＝（考试成绩）＊0.6＋（同学互评分）＊0.1＋品德成绩＊0.1＋任课老师评分＊0.2。

（3）学生数据管理。

提示：输入学号，读出并显示该学生信息，输入新数据，将修改后信息写入文件。

（4）学生数据查询。

提示：输入学号或其他信息，查询读出所有数据信息，将满足条件的信息显示出来。

**3. 学生综合信息输出**

提示：输出学生完整信息到屏幕。

### 3.6.2　教师工作量管理系统

计算每个教师在一个学期中所教课程的总工作量（教师单个教学任务的信息为：教师号、姓名、性别、职称、任教课程、班级、班级数目、理论课时、实验课时、单个教学任务总课时）。

**1. 教师信息处理**

（1）输入教师授课教学信息，包括教师号、姓名、性别、职称、任教课程、班级、班级数目、理论课时、实验课时。

（2）插入（修改）教师授课教学信息。

（3）删除教师授课教学信息。

（4）浏览教师授课教学信息。

**2. 教师工作量数据处理**

（1）计算单个教学任务总课时。计算原则如下表：

| 班级数目 | 单个教学任务总课时 |
| --- | --- |
| 1 | 1＊（理论课时＋实验课时） |
| 2 | 1.4＊（理论课时＋实验课时） |
| 3 | 1.8＊（理论课时＋实验课时） |
| ＞＝4 | 2.2＊（理论课时＋实验课时） |

（2）计算一个教师一个学期总的教学工作量。总的教学工作量＝所有单个教学任务总课时之和。

（3）教师数据查询。

提示：输入教师号或其他信息查询，将满足条件的信息显示出来。

**3. 教师综合信息输出**

提示：输出教师完整信息到屏幕。

### 3.6.3　学校运动会管理系统

**1. 问题描述**

学校召开运动会，成绩以学院或分会为单位计分。参加比赛的学院数目为 N，男子项目数为 M，女子项目数为 W。各比赛项目均分为教工组和学生组，其中教工组按年龄分为甲、乙、丙、丁 4 组，其中甲组为小于等于 30 周岁，乙组为 30 周岁到 40 周岁，丙组为 40 到 50 周岁，丁组为大于 50 周岁。每个项目成绩计前八名，第一名加 9 分、第二名 7 分……（加分权数由软件使用者自定）。统计成绩的时候只输入项目、运动员姓名、运动员类别（教师或学生）、所在学院、年龄、名次。

**2. 设计要求及提示**

（1）给用户提供菜单操作界面。

（2）能随时查询各类别、学院的成绩及全校各院系的排名。

（3）由程序提醒用户填写比赛结果，输入各项目获奖运动员的信息。

（4）所有信息记录完毕后，用户可以查询各个院系或个人的比赛成绩，生成团体总分报表，查看参赛院系信息、获奖运动员、比赛项目信息等。

（5）程序代码模块化设计，可读性强。

### 3.6.4　保龄球计分系统

**1. 问题描述**

打保龄球是用一个滚球去撞击 10 个站立的瓶，将瓶击倒。一局分 10 轮，每轮可滚球 1 次或多次，以击到的瓶数为依据计分。一局得分为 10 轮得分之和，而每轮的得分不仅与本轮的滚球情况有关，还可能与后一轮或两轮的滚球情况有关，即：某轮某次滚球击倒的瓶数不仅要计入本轮得分，还可能会计入前一轮或两轮得分。计分规则如下：

（1）若某一轮的第一次滚球就击倒全部 10 个瓶，则本轮不再滚球（若是第 10 轮还需加 2 次滚球）。该轮得分为本次击倒瓶数 10 与以后 2 次滚球所击倒瓶数之和。

（2）若某一轮的第一次滚球未击倒全部 10 个球，则对剩下未击倒的瓶再滚球一次。如果这 2 次滚球击倒全部 10 个瓶，则本轮不再滚球（若是第 10 轮还需加 1 次滚球）。该轮得分为这 2 次击倒瓶数 10 与以后 1 次滚球所击倒瓶数之和。

（3）若某一轮 2 次滚球未击倒全部 10 个瓶，则本轮不再滚球，该轮得分为这 2 次滚球所击倒瓶数之和。

**2. 设计要求及提示**

（1）模拟 10 个人各打一局保龄球比赛过程，统计每局各轮得分和累计总分。

（2）逐人逐轮逐次输入一次滚球击倒的瓶数。

（3）对 10 个人的得分由低到高排序并显示。

（4）最后，把排序结果存入文件中。

### 3.6.5　学生成绩统计系统

**1. 问题描述**

学期考试结束，统计 N 个班级每个人的平均成绩，每门课的平均成绩，并按个人平均成绩从高到低的顺序输出成绩和不及格人员名单。输入、输出格式自定。

**2. 设计要求及提示**

假设某班有 30 人（姓名自定）。考试课程有高等数学、物理、外语、C 语言、德育 5 门课程。

将所有同学的成绩保留在文件中，对文件中的数据处理，输出所要求的内容，程序的功能主要包括以下几个方面：输入成绩到文件中；输出成绩；输出不及格学生名单；成绩排序；修改记录；删除记录；插入记录等。

主函数中对不同功能进行选择（菜单），并调用对应的函数。

### 3.6.6　学生选课及学籍管理系统

**1. 问题描述**

现有若干个班级的学生，进行下学期课程的选课，假设已经有选课内容的数据文件库，数据文件中包括 7 门课（课程内容由学生自己定）。第 i 门课程接纳的学生数为 $10 \times i$，i 为课程的序号，如第一门课接纳的学生数为 $10 \times 1$，第二门课为 $10 \times 2$，……依此类推，每门课的学分数分别为 1、2、3、4、5、6、7，现要求每一个学生至少选 3 门课，最多不超过 5 门。

**2. 设计要求及提示**

（1）显示课程内容供学生选择，并能进行选课的操作。

（2）随着学生选课工作的进行，动态更新数据文件的内容。

（3）进行学生的最少选课量和最多选课量的控制。

（4）显示所有学生的选课结果。

（5）把学生所选的课按学分由小到大排列，同样学分按姓名的英文字母排序。

（6）录入学生的各科成绩。

（7）学生的基本信息有：姓名、学号、性别、总学分、各科成绩，补考情况。请把一门和三门功课不及格的学生姓名列出，并自动生成补考通知书。通知书中要求有学生的姓名、学号、不及格的科目及补考时间（由编程者自定）。

### 3.6.7　图书信息管理系统

**1. 问题描述**

图书信息管理。能够实现图书信息录入、图书信息浏览、图书查询（按书名查询或按作者查询）、排序、图书信息的删除与修改、数据保存、文件打开等。图书信息包括：登录号、书名、作者、分类号、出版单位、出版时间、价格等。

**2. 设计要求及提示**

（1）新进图书基本信息的输入。

（2）图书基本信息的浏览和查询。

（3）图书信息的删除与修改。

（4）为借书人办理注册。

（5）办理借书手续（非注册会员不能借书）。

（6）办理还书手续。

（7）统计图书库存、已借出图书数量。

（8）图书信息的保存与读取。

### 3.6.8 一元多项式简单的计算器

**1. 主要功能**

（1）输入并建立多项式。

（2）输出多项式。

（3）两个多项式相加，建立并输出和多项式。

（4）两个多项式相减，建立并输出差多项式。

（5）算法的时间复杂度，另外可以提出算法的改进方法。

实现提示：可选择带头结点的单向循环链表或单链表存储多项式，头结点可存放多项式的参数，如项数等。

**2. 要求**

一元多项式简单计算器的基本功能。

### 3.6.9 24 点游戏开发

**1. 主要功能**

（1）输入 4 个整数，按计算规则求 24。

（2）只能通过加减乘除 4 种运算实现。

（3）在规定时间内完成表达式的运算并判断正误。

（4）若计算正确，则给出其他的可能结果。

（5）设计界面，并在不同的操作给出相应提示。

实现提示：可采用穷举法列出所有可能的结果，当运算出现负数或小数时，表达式需要进行顺序调整。

**2. 要求**

用穷举法实现求 24 运算的基本功能。

### 3.6.10 万年历系统

要求：模仿现实生活中的挂历。当前页以系统当前日期的月份为准显示当前月的每一天（显示出日期及对应的星期几）。当系统日期变到下一月时，系统自动翻页到下一月。

以上给出的是工程实训参考项目，学生在选择过程中根据自己的实际情况，按照上述项目的难易程度，寻找合适的课程设计题目，也可以自己设计题目，经指导教师确认后定题。

# 参考文献

[1] 谭浩强.C程序设计[M](第四版).北京:清华大学出版社,2012.

[2] 韩立毛,徐秀芳.C语言程序设计教程[M].南京:南京大学出版社,2013.

[3] 刘彬彬,李伟明.C语言开发实战宝典[M].北京:清华大学出版社,2008.

[4] 张引.C程序设计基础课程设计[M].杭州:浙江大学出版社,2007.

[5] 姜灵芝,余健.C语言课程设计案例精编[M].北京:清华大学出版社,2008.

[6] 梁志剑.C程序设计实训理论教程[M].北京:国防工业出版社,2011.

[7] 曹飞飞,高春艳.C语言开发宝典[M].北京:机械工业出版社,2012.

[8] 苏小红.C语言大学实用教程[M].北京:电子工业出版社,2012.